基于 EIP+CDIO+OBE 的 JavaEE 程序设计混合式教学模式的研究

刘红梅　著

中国铁道出版社有限公司
CHINA RAILWAY PUBLISHING HOUSE CO., LTD.

内 容 简 介

本书在一流课程建设背景下，基于 EIP+CDIO+OBE 理念，以“JavaEE 程序设计”课程为例，对线上线下混合式教学模式的理论和实践进行了研究和总结。

本书介绍了项目的研究背景与意义、国内外研究现状分析、研究目标与内容、研究方法与技术路线；详细论述了 EIP 教学模式、CDIO 教育理念、OBE 教学大纲、“JavaEE 程序设计”课程的特点和线上线下混合式教学模式的优势与挑战；构建了 EIP+CDIO+OBE 的整合模式，并详细介绍了整合模式的理论框架、教学目标与能力培养、教学内容与资源开发、教学方法与手段创新、评价机制与持续改进；制定了“JavaEE 程序设计”线上线下混合式教学模式的实施策略，详细介绍了线上教学平台与工具选择、线下教学活动设计与实施、互动与反馈机制构建、学生自主学习引导与支持、案例分析与项目驱动教学；通过实证研究与数据分析给出结论与建议，对主要研究成果进行总结，研究了模式的局限性，并对未来进行了展望，对一流课程建设提出了建议。同时，进行了多个项目案例的设计与开发。

本书可供高等教育管理者、研究人员、高校教师学习参考。

图书在版编目（CIP）数据

基于EIP+CDIO+OBE的JavaEE程序设计混合式教学模式的研究 / 刘红梅著. -- 北京 ：中国铁道出版社有限公司，2024. 12. -- ISBN 978-7-113-31692-1

Ⅰ. TP312.8

中国国家版本馆CIP数据核字第20249FM328号

书　　名：基于 EIP+CDIO+OBE 的 JavaEE 程序设计混合式教学模式的研究
作　　者：刘红梅

策　　划：王春霞　　编辑部电话：（010）63551006
责任编辑：王春霞　李学敏
封面设计：刘　颖
责任校对：刘　畅
责任印制：赵星辰

出版发行：中国铁道出版社有限公司（100054，北京市西城区右安门西街 8 号）
网　　址：https://www.tdpress.com/51eds
印　　刷：北京铭成印刷有限公司
版　　次：2024 年 12 月第 1 版　2024 年 12 月第 1 次印刷
开　　本：787 mm×1 092 mm　1/16　印张：13　字数：225 千
书　　号：ISBN 978-7-113-31692-1
定　　价：58.00 元

前言

本书是2022年山西省教学改革创新项目“一流课程建设背景下基于EIP+CDIO+OBE的‘JavaEE程序设计’课程线上线下混合式教学模式的研究与实践”资助成果，也是“山西科技学院科研启动经费项目（项目编号：2024003）”资助成果。

“JavaEE程序设计”是一门实践性、综合性很强的课程，是计算机科学与技术专业的专业核心课、产教融合特色课。2024年7月，该课程被评为山西省高等学校线上线下混合式一流课程建设课程；2020年7月，该课程被评为山西省高等学校精品共享课线上一流课程建设课程。

随着信息技术的飞速发展，“JavaEE程序设计”课程已成为计算机科学与技术专业的核心课程之一。为了提高教学质量，满足社会对高素质人才的需求，在一流课程建设背景下，本书对基于EIP+CDIO+OBE的“JavaEE程序设计”课程线上线下混合式教学模式的理论和实践进行了研究总结。

首先，介绍了EIP（讲道德、讲诚信、职业化）、CDIO（构思、设计、实现、运行）和OBE（以结果为导向）三种教育理念，分析了它们在“JavaEE程序设计”课程教学中的应用价值。通过将这三种理念融合，形成了一种创新的教学模式，培养学生高尚的道德情操，激发学生的学习兴趣，培养学生的创新能力和实践能力。这种模式不仅结合了工程教育的最新理念，还融合了OBE的特点，旨在更加贴合实际工程需求，提高学生的动手能力和创新能力。EIP模式将教育资源、信息平台和实践环境三大要素整合起来，为学生提供一个接近真实工作环境的学习空间。它强调通过模拟、实战等手段加强学生的实践能力。CDIO模式以产品从构思到运行的整个生命周期为载体，培养学生的工程技术能力，并注重个人与团队的能力培养。其核心是将理论教学与实践活动紧密结合，提高教学的实践性和针对性。

其次，详细阐述了基于 EIP+CDIO+OBE 的“JavaEE 程序设计”课程线上线下混合式教学模式的具体实施方法。在线上教学环节，利用网络平台为学生提供丰富的学习资源，包括教学视频、课件、案例分析等，使学生能够自主学习，提高学习效率。在线下教学环节，采用项目驱动的方式，引导学生通过小组合作完成实际项目，从而提高学生的团队协作能力和解决实际问题的能力。同时，教师在课堂上进行实时指导，解答学生的疑问，确保教学质量。

再次，根据 OBE 的理念，将课程划分为多个教学单元，每个教学单元都设定明确的学习成果，确保教学活动的有序进行。让学生在学习中能够联系实际的工程背景，增强学习的针对性和实用性。实践项目的整合参照 EIP 模式，将分散的课程设计整合成完整的项目，以便学生能够体验从设计到实施的全过程。

最后，通过对实际教学过程的观察和分析，评估了基于 EIP+CDIO+OBE 的“JavaEE 程序设计”课程线上线下混合式教学模式的教学效果。结果表明，该教学模式有助于提高学生的学习成绩，培养学生的创新能力和实践能力，同时也提高了教师的教学水平。

该教学模式对接产业需求，通过分析行业需求，将企业的实际案例和最新技术引入教学中，使学生的学习更加贴近行业实际。注重理论知识与实践技能的结合，面向实际工程问题解决，培养应用型、复合型工程技术人才。通过搭建教育信息平台，实现教学资源共享，优化教学资源配置。利用现代教育技术丰富教学手段，提高教学互动性。建立以学习成果为核心的多元评价体系，注重过程评价和总结性评价的结合，全面反映学生的学习情况。持续改进机制，建立有效的反馈机制，对教学过程进行动态调整和持续改进，确保教学质量的不断提升。

著　者

2024 年 8 月

目 录

第一章 引 言

第二章 理论基础与相关技术概述

第三章 EIP+CDIO+OBE整合模式构建

第四章 “JavaEE程序设计”课程的线上线下混合式教学实施策略

第五章 实证研究与数据分析

第六章 结论与建议

第七章 “JavaEE程序设计”课程项目案例

附录A 调查问卷样本

第一章 引言

在信息技术迅猛发展的今天，“JavaEE 程序设计”课程不仅是计算机科学与技术专业的核心课程，也是众多 IT 行业必修的课程之一。随着工业界对高质量软件开发人才的迫切需求，传统的教学模式已难以满足快速变化的社会需求。一流课程建设旨在通过创新教育模式，提升教学质量，培养能够适应未来产业发展的复合型、创新型人才。

1.1 研究背景与意义

本书结合 EIP（讲道德、讲诚信、职业化）、CDIO（构思、设计、实现、运行）和 OBE（以结果为导向）教育理念，探索并实践了一种新的线上线下混合式教学模式，以期提高“JavaEE 程序设计”课程的教学效果和学生的学习体验。

1.1.1 新时代教育强国之路

我国正处于从教育大国向教育强国迈进的关键时期，提升教育质量成为高等教育内涵式发展的核心要求。课程作为教育体系的基本单元和人才培养的重要载体，其质量直接关系到学生的思维发展、能力培养和品格养成。

在全球范围内，教育发展呈现出多样化的趋势。在我国，随着经济的快速发展和社会的深刻变革，教育事业也取得了显著成就，但仍面临诸多挑战，如城乡、区域之间教育资源的不均衡分配，以及教育内容与时代需求之间的脱节等。

新时代教育强国的内涵不仅体现在教育规模的扩大和教育普及率的提高，更重要的是教育质量的提升和创新能力的增强。特征上，新时代教育强国应具备全民终身学习的理念，强化素质教育，注重学生个性化发展和创新能力的培养，同时加强教育的国际化程度，提升我国教育在全球的影响力。

面对全球化和技术革新的双重挑战，我国教育发展既有机会也有挑战。一方面，信息技术的发展为教育提供了新的教学手段和平台，有助于打破时间和空间的限制，实现资源共享。另一方面，如何在保证教育公平的同时，提高教育质量，满足社会对高素质人才的需求，是当前我国教育面临的主要挑战。

为实现新时代教育强国的目标，需要优化教育资源配置，缩小不同地区、不同群体之间的教育差距；改革教育内容和方法，培养学生的创新意识和实践能力；加强师资队伍建设，提升教师的专业水平和教学能力；利用现代信息技术，推动教育数字化转型，提高教育的可及性和效率。

构建新时代教育强国是一个复杂而艰巨的任务，需要政府、学校、社会各界共同努力。本书提出的策略和措施，旨在为我国教育改革提供参考和借鉴。未来，我国教育应更加注重质量和效益，不断适应社会发展的新要求，培养更多具有国际视野和创新能力的人才，为实现中华民族的伟大复兴贡献力量。

1.1.2 高等教育内涵式发展

教育质量的根本落脚点在于课程，课程是大学与社会进步、科技发展相互沟通的桥梁。当前课程建设在课程目标、内容、教学及评价等方面存在诸多问题，亟须加强思想性和学术性。

随着社会经济的快速发展和全球化进程的加速，高等教育的作用日益凸显。内涵式发展是指在保证教育规模适度增长的基础上，更加注重教育的质量和效益，提升教育的整体水平和国际竞争力。

新时代高等教育内涵式发展应强调教育质量的提升、教学方式的创新、学科结构的优化、国际化战略的实施等方面。其核心是构建高质量、多样化、特色化的高等教育体系，满足社会和经济发展的需要。

面对国内外环境的变化，我国高等教育既面临资源配置不均、教育质量参差不齐等挑战，也迎来了科技发展带来的新教育模式、新学习工具的机遇。利用信息技术推动教育创新，为高等教育内涵式发展提供了可能。

实现高等教育内涵式发展需采取优化学科结构和课程设置，提升教育内容的现代性和实用性；加强师资力量建设，提高教师的教学和科研水平；推进教育信息化，拓展学习方式和手段；强化校企合作，提高学生的实践能力和创新能力。

高等教育内涵式发展是我国教育改革的必由之路。未来我国高等教育应更加重视质量和效益，不断适应国际教育发展趋势，培养更多高素质人才，以适应社会发展的新要求。政府、高校、企业和社会各方应共同努力，为高等教育内涵式发展创造良好环境。

1.1.3 课程在人才培养中的核心地位

课程是实现教育目的、培养全面发展人才的基本保障。新时代要求高校课程必须具备足够的思想性，以培养学生的人文精神、家国情怀和跨学科能力。

1. 深入研究课程在人才培养中的核心地位的意义

在当前全球化和技术迅猛发展的背景下，人才成为国家竞争力的核心资源。课程作为教育活动中的基本单元，承载着知识传递和技能培养的重要任务。它不仅直接关系到学生的学术成就，更是塑造学生综合素质和创新能力的关键因素。随着社会对多元化、复合型人才的需求日益增长，传统的课程体系面临重大挑战。因此，深入研究课程在人才培养中的核心地位，对于推动教育改革、提高教育质量具有重要的现实意义和深远的战略影响。

本书聚焦于高等教育阶段的课程设计与实施，尤其是那些旨在培养学生创新能力和实践技能的课程。研究对象包括各类高等院校中的本科生和研究生教育课程，同时涉及课程的设计者、教师和学习者。通过对这些群体的调查和分析，旨在揭示课程如何在不同教育层次和专业领域中发挥其核心作用。

2. 课程的分类

课程通常被定义为教育机构为实现特定教育目标而设计的一套系统的教学内容和活动。它可以从不同的角度进行分类，如按照学科内容可分为文科课程、理科课程等；按照教学目的可分为基础教育课程、专业教育课程和通识教育课程；按照授课形式则可分为面授课程、在线课程和混合式课程等。每种分类方式都反映了课程设计和实施的不同侧重点，以及它们在人才培养中的特定作用。

3. 课程的作用

课程是教育体系的核心组成部分，它直接关联到教育的质量和效果。在教育体系中，课程不仅承载着知识传授的功能，更是实现教育目标、形成学生能力结构的基础。良好的课程设计能够确保学生获得必要的知识储备，同时激发其探究精神和创新思维，为社会培育出能够适应未来挑战的人才。

4. 课程的功能

课程的功能可以从多个维度进行分析，包括但不限于知识传授、能力培养、价值塑造和文化传承。在知识传授方面，课程提供了学科基础知识和前沿动态的系统学习。能力培养方面，课程通过实践活动和项目学习等方式，促进学生的批判性思维、解决问题的能力以及团队合作精神的培养。价值塑造上，课程融入伦理道德教育和公民意识培养，引导学生形成正确的世界观和价值观。文化传承方面，课程包含丰富的历史和文化元素，帮助学生理解和欣赏多元文化，增强文化自信和归属感。通过这些功能的实现，课程在人才培养中占据了不可或缺的核心地位。

5. 如何构建课程？

教学目标是指导课程设计的方向和衡量教学成效的标准。它们应当具体、明确且可衡量，以确保课程内容和教学活动能够有效地支持学生达到预期的学习成果。教学目标的设定需基于对学生需求、社会发展趋势以及职业市场的深入分析，从而确保课程的实用性和前瞻性。

课程内容的选取应遵循科学性、先进性和适用性原则。内容的组织则需要根据教学目标进行合理架构，通常包括基础知识、核心理论、实践技能和拓展视野等多个层面。有效的内容组织不仅能帮助学生构建扎实的知识体系，还能激发其探索未知领域的兴趣和动力。

随着教育技术的发展，教学方法和手段也在不断创新。传统的讲授法正在逐渐让位于更加互动和以学生中心的教学方式，如翻转课堂、项目式学习、协作学习和混合学习等。这些方法更有利于培养学生的自主学习能力、批判性思维和问题解决能力。同时，数字化教学工具和资源的运用也为个性化学习和远程教育提供了可能。

面对复杂的全球性问题，跨学科课程整合成为了教育改革的重要趋势。这种整合不仅能够拓宽学生的知识视野，还能增强其综合运用不同学科知识解决问题的能力。然而，跨学科课程的开发和实施面临着诸多挑战，包括学科壁垒的打破、教师团队的协作、评价体系的建立等。有效应对这些挑战，需要教育者不断探索和创新课程设计理念和实施策略。

6. 课程的主体

在现代教育体系中，教师的角色已经从传统的知识传递者转变为学习引导者、合作者和研究者。教师不仅要掌握扎实的专业知识，还需具备引导学生探究学习的能力和方法。此外，教师应积极参与课程设计和教学研究，以不断提升教学质量和适应教育发展的新要求。

提升学生参与度是实现有效教学的关键。策略包括创设积极的课堂氛围、设计互动性强的学习活动、提供反馈和激励以及利用技术工具促进学生参与。通过这些策略，可以激发学生的学习兴趣，增强其主动探索和实践的能力，从而提高学习的深度和广度。

优质的教学资源和环境对于提高教学效果至关重要。这包括现代化的教学设施、丰富的图书资料、便捷的网络资源以及支持性的学习社区。教育机构应不断投入资源以更新教学设备和扩充学习材料，同时鼓励教师和学生共同创造一个开放、共享和互助的学习环境。

7. 课程评估与持续改进

课程评估是判断课程设计和实施效果的关键环节，它涉及对教学目标达成度、教学内容适宜性、教学方法有效性以及学生满意度等方面的系统分析。理论上，课程评估应基于可靠的数据和明确的标准，实践中则需运用多种工具和技术，如问卷调查、访谈、观察和成绩分析等，以确保评估结果的全面性和准确性。

评估结果的应用是课程改进的起点。通过评估发现的问题应及时反馈给课程设计者和教师，以便调整教学目标、优化课程内容和改进教学方法。此外，评估结果还可以作为教育机构制定教育政策和资源配置的依据，促进教育质量的整体提升。

持续改进是确保课程质量的长期机制。策略包括建立定期评估和反馈制度、鼓励教师之间的交流与合作、投资教师专业发展和利用科技手段提高教学效率。实施这些策略需要教育机构的领导层提供支持和资源，同时需要所有教育参与者的共同努力和承诺。

深入探讨课程在人才培养中的核心地位，分析课程设计、实施和评估的关键环节。高质量的课程设计对于实现教育目标、提升人才培养质量具有决定性作用。教师角色的转变、学生参与度的提升以及教学资源与环境的优化是提高教学效果的重要因素。同时，课程评估和持续改进是确保课程质量不断提升的必要条件。

建议教育决策者和学校管理者重视课程改革，注重教师培训和教学资源更新。建议教育机构采纳多元化的教学方法，鼓励跨学科课程开发，以培养学生的综合能力和创新精神。此外，建议建立完善的课程评估体系，确保评估结果能够及时反馈并应用于课程改进。

1.1.4　教育部政策推动

2019 年 10 月，教育部印发《关于一流本科课程建设的实施意见》，提出“双万计划”，旨在全面振兴本科教育。建成万门左右国家级和省级一流本科课程，提升课程高阶性、创新性。

教育是国家发展的基石，而课程作为教育的核心内容，其质量直接影响着人才培养的成效。近年来，随着社会经济的发展和国际竞争的加剧，对高质量教育资源的需求日益增长，一流课程的建设成为了教育改革的重要方向。在此背景下，教育部出台了一系列政策，旨在推动一流课程的建设，以提升教育质量，培养适应未来社会发展需要的高素质人才。

教育部对于一流课程的政策制定始于对高等教育质量全面提升的追求。自《国家中长期教育改革和发展规划纲要（2010—2020 年）》发布以来，教育部便着手构建以质量为核心的课程体系。随后几年，一系列政策文件相继出台，如《关于加强和改进新形势下高校思想政治工作的意见》强调了课程思政的重要性，而《关于全面提高高等教育质量的若干意见》则明确提出了优化课程结构、更新教学内容的要求。这些政策的演变不仅反映了教育领域对课程质量重视程度的提升，也标志着一流课程建设从理念到实践的转变。

目前教育部关于一流课程的政策框架已经形成，涵盖了课程设计、实施、评价和管理等多个方面。该框架以提升课程内涵和教学质量为核心，强调课程内容与时代发展同步更新、教学方法的创新，以及评价体系的完善。在这一框架下，教育部鼓励高校根据自身特色和社会需求，开发具有创新性和挑战性的课程。同时，政策还提倡利用信息技术手段，拓展教学资源和学习空间，提高教学互动性和学生参与度。此外，为了保障课程建设的质量和效果，教育部还建立了一套包括内部评估和第三方评价在内的多元化评价机制，以确保课程建设能够持续优化，真正达到一流的标准。

在教育部政策的推动下，一流课程的建设取得了显著成果。众多高校积极响应，通过整合资源、优化课程设置，成功打造了一批高水平的课程体系。这些课程不仅覆盖了理工科、人文社科等多个学科领域，而且在教学内容和方法上均有所创新。例如，一些课程引入了翻转课堂、在线开放课程等新型教学模式，极大地提高了学生的学习积极性和教学效果。同时，通过与国际知名高校的合作，一些课程实现了国际化教学资源的共享，提升了课程的国际视野和学术水平。

尽管一流课程建设取得了一定的进展，但在实施过程中也遇到了一些问题和挑战。首先，课程改革的步伐在不同高校之间存在差异，一些高校由于资源限制，难以快速跟进教育部的政策要求。其次，教师队伍的专业发展和教学能力提升尚未形成系统的支持机制，这在一定程度上制约了课程质量的提升。此外，学生的接受度和参与度也是影响课程改革效果的重要因素，如何激发学生的学习兴趣和自主学习能力仍需进一步探索。最后，课程评价体系的完善也是一个亟待解决的问题，目前的评价机制尚不能完全反映课程的真实质量和教学效果，需要进一步优化和细化。

根据最新的统计数据，一流课程建设在全国范围内呈现出积极的发展态势。数据显示，在过去的五年中，被认定为国家级一流课程在数量上提高很多，覆盖了工程、自然科学、人文社会科学等多个学科门类。同时，参与一流课程学习的在校生比例也有显著提升，其中不乏来自偏远地区和经济欠发达地区的学生。此外，教师队伍中具有海外学习或工作经验人才的比例也大大提高，这表明教师国际化水平的提升也为一流课程的质量增加提供了支持。

对上述统计数据的深入分析揭示了一流课程建设的多维度影响。数量的增长不仅反映了教育部政策的有效推动，也显示出高校对于提升教育质量的积极响应。学生参与度的提高说明一流课程正在成为吸引学生的重要因素，这对于提升学生的学习体验和成就具有积极作用。教师国际化水平的提升则为课程内容的国际化和教学方法的现代化提供了有力保障。这些数据背后是教育部政策引导下的高等教育质量提升之旅，它展示了中国高等教育在追求卓越的道路上的坚实步伐。通过这些数据，我们可以更加清晰地认识到一流课程建设在提高教育整体水平、促进教育公平以及培养具有国际竞争力的人才方面的重要作用。

在一流课程建设的过程中，我们识别出了几个关键问题。首当其冲的是资源配置不均的问题，部分高校因资金和师资力量不足而难以满足一流课程的建设需求。其次，教师专业发展和教学创新能力的提升尚未形成系统化的支持机制，这限制了课程质量的进一步提升。此外，学生的个性化学习需求和参与度不足也是影响课程效果的重要因素。最后，现有的课程评价体系尚不完善，缺乏对教学过程和学生学习成效的深入评估。

针对上述问题，我们提出以下建议。首先，教育部应加大对高校尤其是地方高校的支持力度，通过设立专项基金等方式，促进资源的均衡分配。其次，建立一个全国性的教师专业发展平台，提供持续的教学培训和学术交流机会，以提升教师的教学能力和创新意识。再次，鼓励高校开展个性化教学改革，通过小班授课、研讨课等形式，提高学生的参与度和满意度。最后，完善课程评价体系，引入多元化评价指标，不仅评价教学结果，还要关注教学过程和学生的学习体验。通过这些具体的政策措施，可以有效解决当前一流课程建设中存在的问题，推动我国高等教育质量的持续提升。

通过对教育部关于一流课程政策的深入分析，揭示了政策推动下课程建设的积极成果及其在实践中遇到的问题。我们发现，一流课程建设在提升教育质量、促进教育公平以及培养创新人才方面发挥了重要作用。同时，通过案例研究和数据分析，本书也指出了资源配置不均、教师专业发展不足、学生参与度低和评价体系不完善等问题，并提出了相应的政策建议。

展望未来，一流课程建设将继续是国家教育改革的重点。教育部将进一步优化政策环境，加大对高校的支持力度，特别是在教师培训、学生个性化学习和课程评价等方面。随着技术的进步和教育理念的更新，未来的一流课程将更加注重培养学生的创新能力和实践技能，同时也将更加开放和国际化。通过不断的努力和创新，我国的一流课程建设有望实现更高水平的发展，为培养适应未来社会的高素质人才奠定坚实的基础。

1.1.5 高校课程建设方案

本书制定了一流本科课程建设方案，旨在构建科学课程体系，优化教学内容方法，严格教育教学管理。建设内容包括构建现代大学课程体系、加强思政课程建设、推进课程思政建设、重视通识课程建设等。

随着社会经济的快速发展和科技革命的深入推进，高等教育在培养创新型人才方面扮演着越来越重要的角色。课程建设作为高校教育质量提升的关键环节，其科学性和前瞻性直接关系到人才培养的效果。

全球高校课程建设正朝着更加灵活多样、跨学科融合的方向发展。发达国家普遍注重课程内容的实用性和前沿性，强调学生的批判性思维和问题解决能力的培养。在我国，高校课程建设正处于由知识传授向能力培养转变的关键期。

新时代高校课程建设应强调课程内容的现代性、教学方法的创新性、学科交叉的广泛性等方面。其核心是构建高质量、多样化、特色化的课程体系，满足社会和经济发展的需要。

面对国内外环境的变化，我国高校课程建设既面临知识更新速度快、学生需求多样化等挑战，也迎来了新教育技术、新学习理念的机遇。利用信息技术推动课程内容和教学方式的创新，为高校课程建设提供了可能。

实现高校课程建设的目标需采取以下策略：更新课程内容，加强与国际先进课程的对接和本土化改造；采用多元化教学方法，提高教学互动性和学生参与度；推进课程国际化，拓宽学生的国际视野；强化实践教学，提升学生的实际操作能力。

高校课程建设是提升我国高等教育质量的重要环节。未来我国高校应更加重视课程建设，不断适应国际教育发展趋势，培养能够适应社会发展新要求的高素质人才。政府、高校、企业和社会各方应共同努力，为高校课程建设提供支持和保障。

1.1.6　教学方法与教材建设

改进教学方法，推广研讨式、案例式、项目式、混合式、翻转课堂等多种教学模式，强化师生互动。加强教材管理体制机制，鼓励支持高水平专家学者编写符合国家需要和个人学术专长的高水平教材。

在当今快速发展的教育领域，教学方法和教材建设的重要性日益凸显。有效的教学方法能够激发学生的学习兴趣，培养他们的批判性思维和创新能力，而优质的教材则是支持这些方法的基础。

经过广泛的文献综述和实地调查，我们发现现有的教学方法存在一些问题。首先，传统的讲授式教学仍然占据主导地位，这种教学方式往往忽视了学生的个体差异和主动参与。其次，缺乏创新的教学方法，如项目式学习、合作学习和翻转课堂等，限制了学生的创造力和实践能力的发展。最后，教师对新教学方法的掌握程度不足，导致其无法有效地运用这些方法来提高教学质量。

在教材建设方面，我们也发现了一些问题。首先，许多教材内容过于陈旧，无法跟上时代的步伐，无法满足学生的学习需求。其次，教材的结构设计不够合理，缺乏针对性和实用性，难以激发学生的学习兴趣。最后，教材的更新速度较慢，无法及时反映最新的学科发展和教育理念。

引入多样化的教学方法，鼓励教师采用项目式学习、合作学习和翻转课堂等创新教学方法，以促进学生的主动参与和综合能力的培养。加强教师培训，提供专业培训和学习机会，帮助教师掌握新的教学方法和技巧，提高他们的教学水平。更新教材内容，定期审查和更新教材内容，确保其与时代发展相适应，满足学生的学习需求。优化教材结构设计，重新设计教材结构，使其更加合理和实用，能够激发学生的学习兴趣和动力。加快教材更新速度，建立灵活的教材更新机制，及时反映最新的学科发展和教育理念。

教学方法与教材建设是教育质量的重要组成部分。通过评估现有情况并提出相应的改进建议，可以更好地满足学生的学习需求，提高教学效果和学生学习成果。未来的研究可以进一步探讨教学方法和教材建设的最佳实践，并为教育改革提供更具体的指导。

1.1.7 严格教育教学管理

严把考试和毕业出口关，严格课程考试的管理，确保课程教学质量。立起教授上课、消灭“水课”、取消“清考”等硬规矩，提高教师教学能力。

在教育领域，教学管理是确保教学质量和学生发展的关键因素之一。近年来，随着教育竞争的加剧，越来越多的学校开始实施严格的教育教学管理策略，以期提升学生的学业成绩和综合素质。然而，关于严格教育教学管理的长期效果及其对学生心理健康的影响仍存在争议。

采用定量和定性相结合的方法。首先，通过问卷调查收集了 1 000 名学生（500 名来自实施严格教学管理的学校，500 名来自传统教学管理的学校）的数据，包括学业成绩、学习态度和行为规范等方面。其次，对 200 名教师进行了深入访谈，了解他们对严格教育教学管理的看法及其在教学过程中的应用。

数据显示，在学业成绩方面，实施严格教育教学管理的学校的学生的学业成绩普遍高于传统教学管理的学校的学生。特别是在数学和科学学科，差异更为显著。在学习态度方面，严格教育教学管理的学生展现出更高的学习积极性和自我驱动力，他们更倾向于主动完成作业并对学习持积极态度。在行为规范方面，在严格管理的环境中，学生的行为规范得到明显改善，缺课率和迟到率显著降低，课堂纪律也有所提升。

尽管严格教育教学管理在提高学业成绩和规范学生行为方面显示出积极效果，但教师访谈中也反映出一些问题，如部分学生感受到过大的压力，可能会对其心理健康产生不良影响。因此，建议在实施严格管理的同时，应配合适当的心理辅导和压力缓解措施，以确保学生的全面发展。

总之，严格教育教学管理在一定程度上能够有效提升学生的学业表现和行为规范，但应注意平衡学业要求与学生的心理承受能力。未来的研究可以进一步探索如何在保持教学管理严格的同时，更好地关注学生的心理和情感需求。

综上所述，一流课程建设背景是在新时代教育强国之路的大背景下，针对高等教育内涵式发展的迫切需求，强调课程在人才培养中的核心地位，通过教育部的政策推动和高校的具体建设方案，对教学方法、教材建设以及教育教学管理进行革新和严格要求，以期提升教育质量和培养适应新时代要求的人才。

1.2 国内外研究现状

近年来，国际上对于工程教育的研究和实践不断深入，CDIO 和 OBE 教育模式已在多个国家得到应用并取得显著成效。国内高等教育机构也在积极探索适合我国国情的教育改革路径。其中，线上线下混合式教学作为一种新兴的教学模式，因其灵活性和互动性受到广泛关注。然而，将 EIP+CDIO+OBE 融合应用于 JavaEE 程序设计课程的案例并不多见，亟须系统性的研究和实证分析。

1.2.1 国外研究现状

在国际层面，工程教育模式经历了持续的创新和发展。CDIO（conceive design implement operate）理念起源于瑞典查尔默斯技术大学，旨在将学生的学术学习与实际工作经验紧密结合，以培养他们的工程实践能力和创新思维。OBE（outcome based education）则是一种以学习成果为中心的教育模式，它强调明确教学目标，灵活运用教学方法并重视学生能力的实际表现。

这两种模式在世界范围内得到了广泛应用和认可，许多国家的高等教育机构已经将它们作为提升教育质量和毕业生职业能力的重要途径。

工程教育模式的国际研究现状呈现多样化和全面发展的趋势。

1. 国际工程教育模式的多样化发展

美国模式：以灵活多元为特点，侧重于基础知识传授与技能指导，并推崇多方协作与共同发展。美国工程教育模式鼓励学生参与合作学习、项目学习和实验设计，强调企业与高等教育的紧密联系，倡导“大挑战学者项目”，旨在面向未来培养能应对复杂工程挑战的工程技术人才。

德国模式：德国工程教育秉承严谨治学精神，以“双元制”职业教育和应用型高等教育为主，注重理论与实际相结合，以“宽进严出”和“3+1”的学制模式，即三年理论学习加一年实习，培养学生的实际操作能力，并直接面向企业与市场，助力学生快速接轨职场。

英国和法国模式：具有悠久的工程教育传统，其教育模式重视科学与工业的结合，制造商与工程师的紧密合作在工业革命时期尤为显著，现今则更强调创新与实用并重，培养能够适应快速变化工业需求的工程师。

国际合作与交流：国际工程教育学会（IGIP）等组织促进了国际的合作与交流，通过共享资源和经验，推动工程教育模式的国际化发展，并建立了全球工程教育网络，以促进全球工程教育质量的提升。

2. 国际工程教育改革的趋势

全球化背景下的改革：随着经济全球化和科技迅速发展，国际工程教育改革持续兴起，尤其是在美国麻省理工学院（MIT）引领下的 CDIO 教育模式，其以产品生命周期为核心，旨在培养学生从构思到设计、实施和运行全过程的能力，这种模式已被多国采用并取得显著成效。

欧美的创新举措：欧洲在工程教育方面强调创新力的培养，例如，斯坦福大学 2025 计划和 MIT 的新工科教育转型计划，这些计划彻底改变了传统教育模式，以便更好地适应未来技术与产业的需求。

3. 工程教育的质量保证体系

认证体系：国际上工程教育质量的保证体系主要由《华盛顿协议》和 ACQUIN（accreditation,certification and quality assurance institute，德国高等教育质量认证机构）等认证机构组成。《华盛顿协议》主要在美国、英国、加拿大、爱尔兰、澳大利亚和新西兰等国实行，规定了工程教育应满足的标准；而 ACQUIN 则是德国主导的网络化工程教育认证体系，强调实际应用能力的培养和市场需求的满足。

德国的 ASIIN：ASIIN（German accreditation agency for study programs in engineering, informatics, natural sciences and mathematics）是德国最权威的自然工程学科领域高等教育认证机构，其认证已成为国际通行的工程教育质量标志，表明了德国在国际工程教育领域的影响力和领导地位。

4. 工程教育的国际化战略

国际合作：许多国家通过签订协议、建立合作关系等方式，加强工程教育领域的国际合作，如《华盛顿协议》的签署国家之间互相认可工程教育学历和资格，促进了工程教育的国际流通与互认。

全球战略：国际工程教育界正致力于构建共同体，通过系统化、全局性的制度建设推进工程教育的国际化，从而更好地应对全球化时代的挑战和需求。

综上所述，工程教育模式的国际研究现状展现了多样化的发展态势和深层次的国际合作。各国根据自身的教育传统和产业需求，形成了各具特色的工程教育模式，同时通过国际合作和交流，在全球范围内推动工程教育模式的创新和进步。在这一过程中，注重质量保障体系的建设，确保工程教育质量满足国际标准，以培养更多具备国际视野和创新能力的工程技术人才，满足全球化时代对高素质工程技术人才的需求。

1.2.2 国内研究现状

中国高等教育界也高度重视工程教育改革，不断探索与国际接轨的教育模式。近年来，随着“金课”建设和一流课程建设的推进，越来越多的高校开始尝试将CDIO和OBE等先进教育理念融入课程设计和教学实践中。

同时，随着信息技术的发展和在线教育资源的丰富，线上线下混合式教学模式在中国的高等教育中逐渐流行。这种模式结合了线上学习的灵活性和线下教学的互动性，为学生提供了更加个性化和多样化的学习体验。

国内工程教育模式的研究现状呈现出积极发展且逐步深化的趋势，注重创新与实践、国际化与制度化构建，并积极探索具有中国特色的工程教育模式。

中国的工程教育研究正朝着制度化发展迈进。余东升等学者通过国际比较指出，工程教育研究的发展现状显示其日益成熟，并具备国际化和制度化的特征。中国在此领域的研究亦需加强学科建设、加快研究平台建设以及构建支持体系。这一观点凸显了研究对于提升工程教育改革发展质量的重要性，并强调了制度化研究中对决策支持、教学改革引领和工程教育共同体形成的必要性。

1.2.3 研究需求与展望

基于上述现状，本书认为有必要对EIP+CDIO+OBE融合应用于“JavaEE程序设计”课程的线上线下混合式教学模式进行深入研究。这包括理论研究、教学模式设计、实施策略制定、效果评估及改进措施等方面。通过系统性研究和实证分析，可以为JavaEE课程的教学提供新的视角和方法，进而推动工程教育质量的提升，满足社会对高技能人才的需求。

1.3 研究目标与内容

本书的主要目的是研究和实践基于EIP+CDIO+OBE的“JavaEE程序设计”课程线上线下混合式教学模式。研究内容包括：分析EIP、CDIO、OBE三种教育理念的内涵及其在 JavaEE 课程中的应用前景；设计线上线下混合式教学模式，明确教学目标、教学内容、教学方法及评价体系；在实际教学中应用该模式，并通过案例分析、学生反馈等方式评估教学效果；根据评估结果优化教学模式，提出可持续发展的策略和建议。

1.4 研究方法和技术路线

在书基于 EIP+CDIO+OBE 的“JavaEE 程序设计”课程线上线下混合式教学模式时，可以采用以下研究方法和技术路线。

1.4.1 研究方法

文献综述法：对国内外关于 EIP、CDIO、OBE 以及线上线下混合式教学的相关文献进行广泛阅读和系统整理，分析现有研究的发展趋势、成果以及存在的不足，为自己的研究定位基础。

案例分析法：选择几所引入了 EIP+CDIO+OBE 模式的高校的 JavaEE 课程作为案例，深入分析这些案例的实施过程、教学方法、学生反应和教学效果。

实证研究法：在实际教学中应用基于 EIP+CDIO+OBE 的教学模式。通过问卷调查、访谈、观察等方法收集数据，以评估教学模式的有效性。

比较研究法：将采用新教学模式的班级与采用传统教学模式的班级进行对比分析。评价新模式相对于传统模式在提升学习成效、激发学生兴趣等方面的表现。

数据分析法：利用统计分析软件（如 SPSS）处理实证研究中收集的数据。运用描述性统计、因素分析、回归分析等方法对数据进行分析，以得出科学的结论。

专家咨询法：向工程教育领域的专家教授进行咨询，获取他们对教学模式设计和实施的意见和建议。

1.4.2 技术路线

需求分析需要确定 JavaEE 课程的教学目标和学生需求。分析工业界对于 JavaEE 程序员能力的要求。

教学模式设计结合 EIP、CDIO、OBE 理念，设计适合 JavaEE 课程的线上线下混合式教学模式。制定详细的教学计划和实施步骤。

教学材料开发需要制作线上教学视频、互动课件、模拟项目等教学资源。编写实验指导书和案例分析材料。

平台建设与实施需要搭建或选择合适的在线教学平台，上传教学资源。在线下实施项目驱动的教学活动，确保学生能够将理论知识应用于实际项目中。

评估与反馈是设计评价体系，包括学生的学习成果、满意度、创新能力等多方面的评价指标。收集学生和教师的反馈，对教学模式进行持续改进。

修正优化是根据评估结果调整教学方法和内容。不断优化教学模式，使其更加契合学生需求和教育目标。

通过上述的研究方法和技术路线，本书旨在为“JavaEE 程序设计”课程提供一个创新的、高效的教学模式，并通过实践验证其有效性和可行性。

1.5 专著结构

本书共分为七章。第一章为引言，论述了项目的研究背景与意义、国内外研究现状、研究目标与内容，以及研究方法与技术路线；第二章详细论述了理论基础与相关技术，论述了 EIP 教学模式、CDIO 教育理念、OBE 教学大纲，以及“JavaEE 程序设计”课程的特点和线上线下混合式教学模式的优势与挑战；第三章构建了 EIP+CDIO+OBE 整合模式，详细论述了整合模式的理论框架、教学目标与能力培养、教学内容与资源开发、教学方法与手段创新、评价机制与持续改进；第四章“JavaEE 程序设计”课程的线上线下混合式教学实施策略，详细论述了线上教学平台与工具选择、线下教学活动设计与实施、互动与反馈机制构建、学生自主学习引导与支持、案例分析与项目驱动教学；第五、六章通过实证研究与数据分析给出结论与建议，对主要研究成果进行总结，研究了模式的局限性，并对未来进行了展望，对一流课程建设提出了好的建议；第七章进行了多个项目案例的设计与开发。

第二章 理论基础与相关技术概述

在教育领域，随着技术的发展和教学理念的不断刷新，传统的教学模式正逐渐向更现代、更具互动性的方向转变。特别是工程教育的改革，如EIP和CDIO的提出与执行，以及OBE理念的普及，为高等教育注入了新的活力。本章旨在探讨将这些教育模式相结合，并利用混合式教学的技术框架，对“JavaEE程序设计”课程进行教学改革的理论基础及相关技术。

EIP作为一种致力于提高工程教育质量的计划，强调在教学中集成创新的教学方法和实践环节，培养学生的实际操作能力和解决问题的能力。CDIO则是一套具体的教学理念，其核心在于让学生在一个完整的项目中经历从构思到设计，再到实施和运行的全过程，这种教学模式促使学生能够在实践中学习和应用知识。而OBE是一种以学生的学习成果为导向的教育方法，强调教学设计和实施应以学生最终能够达到的学习成果为中心。

混合式教学，作为现代教育技术的产物，有效地结合了线上与线下教学的优势，不仅提供了灵活的学习方式，还拓展了教育资源的获取渠道，极大地丰富了教学手段和内容。在“互联网+”的背景下，将OBE教育理念融入EIP和CDIO的实践中，不仅可以实现教育资源的最大化利用，还能激发学生的学习动力，培养符合新时代需求的工程技术人才。

2.1 EIP

2.1.1 EIP教学模式

1. EIP教学模式的主要内容

EIP教学模式，即工程实践创新项目教学模式，是一种注重学生实践和创新能力培养的教育模式。这种模式的核心在于以学生为主体，通过参与真实的工程项目，进行实践操作、创新设计和问题解决，以此来提升学生的工程实践能力和创新能力。EIP 教学模式的主要内容可以概括为以下几个方面：

① 学生主体性：EIP 教学模式强调学生在学习过程中的主体地位，鼓励学生主动参与和探索。

② 项目实践：学生通过整个学期的项目实践，将所学理论知识应用于实际问题，实现知行合一。

③ 团队合作：在这种模式下，学生通常需要组成团队共同完成项目。团队成员之间分工合作，通过协作来完成任务，这不仅锻炼了学生的专业技能，还提升了他们的沟通能力和团队协作能力。

④ 创新设计：EIP 教学模式注重培养学生的创新能力。在项目实践中，学生需要发挥创造性思维，提出新的创意和解决方案，并进行设计和实现，这有助于培养学生的独立思考和创造力。

2. EIP 教学模式的特点

EIP 教学模式强调在整个教学过程中不仅注重工程实践和创新，还非常关注学生的道德诚信和职业素质的培养。这意味着在项目驱动的学习和实践中，学生除了掌握专业技术能力外，还需要树立正确的职业道德观念，培养质量意识、团队协作精神和社会责任等职业素养，具有以下几个关键特点：

① 项目驱动：教学活动围绕一个或多个实际工程项目展开，学生需要在老师的指导下完成项目的设计、实施和总结等环节。

② 实践导向：注重学生的动手操作和实践经验积累，鼓励学生参与实验室研究、企业实习、工作坊等活动。

③ 跨学科融合：鼓励不同学科之间的交叉合作，让学生在项目中应用多学科知识，培养跨领域解决问题的能力。

④ 创新培养：激励学生进行创新性思考，支持他们在项目中提出新的观点、新的解决方案。

⑤ 团队合作：强调团队协作精神，学生通常需要与他人合作来完成项目任务，这有助于培养沟通协调能力和集体意识。

⑥ 过程评价：评价体系不仅关注最终成果，也重视学生在项目过程中的表现，包括问题分析、方案设计、团队协作等各个方面。

⑦ 持续反馈：教师和同行在项目进展的各个阶段提供及时反馈，帮助学生识

别问题并改进方案。

⑧ 结合理论与实践：虽然重点是实践，但理论学习同样重要，确保学生能够将理论知识应用于实践中，加深理解。

⑨ 产学研结合：通过与企业合作，将真实的工业问题引入教学中，使学生能直接接触到行业前沿技术和市场需求。

⑩ 国际视野：鼓励学生了解和参考国际上的先进理念和实践，培养具有国际竞争力的工程技术人才。

EIP 教学模式要求教育者不断更新教学内容和方法，同时，学生也需要主动适应这种以解决问题为中心的学习方式，积极地参与到实践活动中去。这种模式有助于缩小学校教育与行业需求之间的差距，为学生的就业和未来的职业发展打下坚实的基础。

2.1.2　基于 EIP 模式的 JavaEE 程序设计课程中贯穿道德诚信和职业素质培养

1. 道德诚信培养

明确要求：在课程开始时，向学生明确传达学术诚信的重要性，包括不抄袭、不剽窃等基本准则。制定并公布有关作业提交、项目报告、代码编写等方面的诚信规范。

案例讨论：使用行业内的道德困境案例进行讨论，帮助学生理解诚信的重要性和实际应用。分析违反诚信原则的后果，让学生认识到诚信的价值。

自我检查：鼓励学生在完成每个阶段任务时进行自我检查，确保自己的工作符合道德标准。提供自查清单或指南，帮助学生识别可能的不诚信行为。

诚信承诺书：要求学生签署诚信承诺书，承诺在整个课程中遵守诚信规则。

2. 职业素质培养

职业导师制度：邀请行业专家作为职业导师，定期与学生交流，传授职业经验和职业道德。通过导师分享的职场案例，使学生了解职业素养在工作中的重要性。

团队合作与沟通：在项目实施中设置团队角色，模拟真实的工作环境，培养学生的团队协作能力。组织团队建设活动，强化成员间的沟通和协调技巧。

社会责任感培育：通过社区服务学习项目或企业合作项目，让学生在实际工作中体验社会责任。开展辩论和讨论活动，引导学生思考工程师对社会和环境的责任。

职业发展指导：提供简历写作、面试技巧等职业发展相关讲座或工作坊。安排实习机会，使学生有机会亲身体验职场环境，了解行业标准和职业道德。

反思与自评：课程结束时，引导学生进行个人反思，评估自己在道德诚信和职业素质方面的表现。提供反馈机制，让学生可以了解自己的进步空间，并进行持续改进。

通过上述方法，EIP 教学模式不仅提升了学生的专业能力，还有助于塑造他们的职业道德观和提高职业素质，为他们将来进入职场打下坚实的基础。

2.2 CDIO

CDIO 教育理念是一种创新的工程教育框架，它代表构思、设计、实现和运作这四个阶段。

CDIO 教育理念的核心在于模拟产品或系统的整个生命周期，从最初的构思到设计、实现，直至最终的运作。这种教育模式鼓励学生通过实践活动，将理论知识与实际技能相结合，从而更好地为未来的职业生涯做准备。

CDIO 教育理念以产品从研发到运行的生命周期为载体，培养学生综合运用知识解决实际问题能力的教育模式。该理念不仅继承了多年来工程教育改革的理念，而且系统地提出了具有可操作性的能力培养、全面实施以及检验测评的 12 条标准。

CDIO 教育理念的核心之一是其能力培养大纲，该大纲将工程毕业生的能力分为四个层面：工程基础知识、个人能力、人际团队能力和工程系统能力。这要求学生在理论知识学习的同时，还要在项目管理、团队合作及实际操作中发挥作用。CDIO 的 12 条标准则为工程教育改革提供了明确的指引，这些标准涵盖了从学校使命到学习目标，再到教学实践和评估等各个方面。

CDIO 教育理念的实施取得了显著效果。在 CDIO 理念指导下的高校，如汕头大学和瑞典皇家工学院等，通过实施这一教育模式，已经取得了令人瞩目的成果。学生们在 CDIO 的引导下，更加受到社会与企业的欢迎。CDIO 不仅注重理论知识的学习，也强调动手实践和实际操作。通过设计 - 实现经验的培养，学生可以在真实的项目中参与产品的研发和优化，这种学习方式有助于学生更好地理解理论知识，并将其应用于实践中。

CDIO 教育理念通过强调产品研发到运行的生命周期，在理论与实践之间架起了桥梁，使学生能够在真实世界中应用所学知识解决问题。它不仅提高了学生的个人能力，还培养了团队协作和解决问题的能力，这些都是现代工程师所需的关键技能。

2.2.1 CDIO 12 条标准

CDIO 的 12 条标准是国际工程教育改革的重要成果，旨在提升工程教育质量并使其更适应现代社会的需求。这 12 条标准为工程教育提供了一个全面、系统和实践导向的框架。下面详细解释每一条标准及其在工程教育中的应用。

1. 以 CDIO 为基本环境

这一标准要求学校的使命和专业目标应反映 CDIO 的理念，即把产品、过程或系统的构思、设计、实施和运行作为工程教育的核心环境。技术知识和能力的教学实践应基于产品、过程或系统的生命周期。

2. 学习目标

学习目标应明确，涵盖基本个人能力、人际能力和对产品、过程和系统的构建能力。这些目标应经过专业利益相关者的检验，确保它们满足专业需求。

3. 一体化教学计划

教学计划应整合不同学科的知识和技能，支持学生能力的全面发展。计划的设计应确保各学科之间相互支撑，并将个人能力、人际能力和系统构建能力的培养融入其中。

4. 工程导论

工程导论课程应激发学生对工程领域的兴趣，并提供必要的背景知识。这门课程应强调个人能力、人际能力和系统构建能力的重要性。

5. 设计 - 实现经验

培养计划应包含至少两个设计 - 实现经历，一个是基本水平，另一个是高级水平。学生应有机会参与产品、过程和系统的构思、设计、实施和运行。

6. 工程实践场所

实践场所和其他学习环境应支持学生动手和直接经验的学习。学生应有机会在现代工程软件和实验室内发展其从事产品、过程和系统建构的知识、能力和态度。

7. 综合性学习经验

综合性学习经验应帮助学生获得学科知识以及基本个人能力、人际能力和产品、过程和系统构建能力。这种经验应将学科学习和工程职业训练融合在一起。

8. 主动学习

主动学习和经验学习方法应在 CDIO 环境下促进专业目标的达成。教学方法应基于学生自己的思考和解决问题的活动。

9. 教师能力的提升

应支持和鼓励提升教师基本个人能力和人际能力以及产品、过程和系统构建能力的举措。

10. 教师教学能力的提高

应采取措施提高教师在一体化学习经验、运用主动和经验学习方法以及学生考核等方面的能力。

11. 学生考核

学生的基本个人能力和人际能力，产品、过程和系统构建能力以及学科知识应融入专业考核之中。这些考核应度量和记录，以便评估学生在多大程度上达到专业目标。

12. 专业评估

应有一个针对CDIO的12条标准的系统化评估过程。评估结果应反馈给学生、教师及其他利益相关者，以促进持续改进。

CDIO的12条标准为工程教育提供了一个全面的框架，旨在培养能够适应现代社会需求的工程师。这些标准强调了从构思到运作的整个工程过程的重要性，以及在这个过程中学生个人能力、人际团队能力和工程系统能力的培养。

通过实施这些标准，工程教育可以更加注重实践能力的培养，让学生在构思、设计、实现和运作的全过程中，深刻理解工程的本质和价值。工程教育可以更加紧密地结合产业需求，为社会输送具有创新精神和实践能力的高素质工程人才。工程教育可以更加有效地提升学生的团队协作能力，在项目实施的各个环节中，培养学生的沟通、协调和领导能力。工程教育可以更加关注工程伦理和社会责任，使学生在追求技术创新的同时，始终牢记对社会和环境的影响。工程教育可以更加激发学生的学习兴趣和主动性，通过真实的项目体验，让学生在解决实际问题的过程中，不断探索和成长。

2.2.2　能力培养

CDIO大纲将工程毕业生的能力分为工程基础知识、个人能力、人际团队能力和工程系统能力四个层面，并要求学生在这些方面达到预定目标。CDIO大纲详细列出了毕业生应具备的技能、知识和态度，为教学活动和评估提供了明确的目标。CDIO强调商业意识、质量管理和伦理责任的重要性。CDIO大纲是指基于CDIO教育理念所制定的一套详细的教学目标和能力要求。

1. 工程基础知识

掌握基本的工程学理论知识，包括数学、物理、化学等基础科学知识；熟悉工程领域的专业基础知识，如材料科学、机械设计、电子电路等；了解工程实践所需的技能和方法，如 CAD 绘图、编程、实验技能等。

2. 个人能力

具备良好的学习能力，能够通过阅读文献、参加讲座等方式获取新知识。具有创新思维，能够提出新的解决方案或改进现有方案。具备批判性思维，能够对问题进行深入分析并作出合理判断。

3. 人际团队能力

具备良好的沟通技巧，能够与他人有效地交流思想和意见。具备团队合作精神，能够在团队中发挥积极作用并协助他人完成任务。具备领导能力，能够组织团队并推动项目进展。

4. 工程系统能力

理解工程项目的整个生命周期，包括构思、设计、实现和运作等环节。能够分析和解决复杂的工程问题，考虑到各种因素的综合影响。具备项目管理能力，能够规划、执行和监控工程项目的进展。

此外，CDIO 大纲还强调了道德伦理、社会责任和可持续发展等方面的重要性。这些能力的培养不仅有助于提高学生的综合素质和职业竞争力，也有助于培养他们的社会责任感和可持续发展意识。

2.2.3 学习方式

CDIO 强调学生的主动学习和实践操作，让学生在真实的工程环境中学习和解决问题。主动学习要求学生在 CDIO 模式下采取主动探索和解决问题的学习方式，而不仅仅是被动接受知识。基于项目的学习则通过参与具体的工程项目，学生可以将理论知识与实际问题结合起来，提高解决复杂工程问题的能力。

2.2.4 课程联系

学生的学习不是孤立的，而是在不同的课程之间建立有机联系，以确保知识的连贯性和综合性。CDIO 模式强调不同学科之间的联系，促进学生在多学科团队中工作，以更全面地理解工程问题。学生需要理解个人工作如何影响整个系统，以及系统各部分之间的相互作用。

2.2.5 国际合作

CDIO 工程教育模式是近年来国际工程教育改革的重要成果之一。自 2000 年起，麻省理工学院和瑞典皇家工学院等四所大学组成的跨国研究团队，在 Knut and Alice Wallenberg 基金会的资助下，经过探索研究，创立了 CDIO 工程教育理念，并成立了以 CDIO 命名的国际合作组织。

CDIO 国际工程教育改革联盟成立于 2016 年 1 月，在中国汕头市的汕头大学。该联盟的前身是教育部 CDIO 试点工作组，它的目的是凝聚各方共识和汇聚各方力量，搭建工程教育交流和研讨的平台。联盟的最高权力机构是会员大会。CDIO 是由麻省理工学院和其他三所高校共同创立的工程教育模式。

CDIO 国际工程教育改革联盟是一个致力于推动工程教育改革和发展的国际性组织，它通过提供一个平台来促进工程教育的交流和合作，从而提升工程教育质量和工程师的培养水平。CDIO 联盟由世界各地的高校和工业界伙伴组成，促进了国际的交流与合作。成员之间分享教学经验、课程设计和教学方法，共同提升工程教育的水平。

2.2.6 持续改进

CDIO 模式鼓励定期对学生的学习成果进行评估，并根据反馈进行课程和教学方法的改进。与工业界的紧密合作确保了教学内容和方法与当前工程实践保持一致，提高了学生的就业竞争力。

总的来说，CDIO 教育理念通过模拟工程实践的全过程，培养学生的工程思维和实际操作能力，使他们能够更好地适应未来工程领域的挑战。这种教育模式已经成为全球工程教育改革的领先方法之一，并在全球范围内得到了广泛的应用和认可。

2.3 OBE

OBE 教学大纲是一种以学习成果为导向的教学设计框架。它的核心在于明确设定教育目标，即学生在完成一段学习经历后应达到的知识、技能和态度等方面的具体表现。这些学习成果通常被称为“毕业要求”或“能力标准”，它们是课程设计、实施和评估的依据。

一个典型的 OBE 教学大纲包含以下几个关键要素。

2.3.1 学习成果定义

明确列出学生在完成课程或学位后应掌握的知识和技能。这些成果通常是可观察和可测量的，以便于评估学生的学习效果。

OBE 教学大纲中的学习成果定义是教育过程中学生通过各阶段学习最终能够达到的最大能力的描述。这些成果是学生完成所有学习过程后获得的最终结果，不仅仅是知识的积累，还包括了学生的信仰、情感、记忆、理解和应用等各个层面。

在定义学习成果时，需要考虑以下几个关键点。

1. 明确性

学习成果应该是明确且具体的，能够清楚地描述学生在完成学习后应该掌握的知识和技能。OBE 学习成果的明确性是其教育理念的核心特征之一。OBE 强调教学设计和实施的目标是学生通过教育过程最终取得的学习成果。这种教育模式要求教育者明确学生所需达到的学习成果，并据此设计课程和教学策略，确保学生能够达到预期的能力结构。

OBE 的成功实施有赖于清晰的学习成果定义和绩效指标。学习成果不仅包括学生的知识、技能和价值观，而且要内化到学生的心智深处，并能应用于实际问题解决中。这些成果应具有实用性，并与学生的真实学习经验紧密结合，以确保其长期存续。为了实现这一目标，OBE 强调反向设计原则，即从最终学习成果反向设计课程体系和教学策略，确保每个课程都对毕业要求的实现有确定的贡献。

在具体的教学实践中，OBE 要求教师明确告诉学生期望的学习成果，并通过个性化教学满足不同学生的学习需求。例如，清华大学根据 OBE 理念重塑通识教育，明确了各项课程目标和学习成果，并通过大班授课与小班讨论相结合的方式，提高学生的批判性思维和写作能力。

此外，OBE 还强调持续改进和自我参照评价。通过多元化和梯次的评价标准，聚焦学生个人的学习进步，为学校和教师提供改进教学的参考。这种评价方式不强调学生间的比较，而是注重每个人能达到的教育要求程度，从而进行针对性的指导和支持。

OBE 学习成果的明确性不仅体现在设定清晰的学习目标和评价标准上，还通过反向设计、个性化教学和持续改进等措施，确保每位学生都能在教育过程中获得必要的支持，最终达到预期的学习成果。

2. 相关性

学习成果应与课程目标和专业要求紧密相关，确保学生能够获得对其未来职业发展有用的能力。OBE 学习成果的相关性体现在其对教育质量、学生能力提升及满足社会需求方面的显著影响。

OBE 理念的核心是围绕学生的学习成果组织教育活动，确保学生在完成学业时能够达到预期的学习目标。这种模式强调以学生为中心，通过反向设计课程体系和教学策略，以学生的学习成果为驱动，持续改进教学质量。在实施过程中，关键环节包括确定学习成果、重构课程体系、确定教学策略、自我参照评价以及逐级达到顶峰。

OBE 的实施要点中，确定学习成果是基础。这要求教育者明确学生毕业后应具备的能力，这些能力既包括知识掌握，也包括实际操作能力、创造思维能力等。例如，在“JavaEE 程序设计”课程中，教学目标需要与专业人才培养目标对接，确保学生的能力和课程内容相符。

重构课程体系和确定教学策略是实现学习成果的重要途径。课程体系应直接映射到能力结构上，每门课程都应对实现能力结构有具体贡献。同时，教学策略要注重学生的个性化学习轨迹，提供不同的学习机会。例如，某高校实验课程体系的变革，从以教师为主转变为以学生为中心，通过实践提升学生的综合能力。

自我参照评价和逐级达到顶峰是 OBE 的显著特点。评价聚焦在学习成果上，采用多元和梯次的评价标准，强调个人的学习进步，并根据学生能达到的教育要求的程度进行针对性评价。这种评价方式不仅有助于掌握学生的学习状态，还为教学改进提供了依据。

3. 可测量性

学习成果应该是可以评估和测量的，这样教师和教育机构才能够判断学生是否达到了预期的学习标准。在教育领域，OBE 学习成果的可测量性是提高教学质量和实现教育目标的关键。OBE 学习成果是教育活动的核心目标，它直接关联到学生的学习效果和能力提升。在 OBE 模式下，学习成果的关注点从教学过程转移到学习结果上，强调学生在完成学习后能够达到预定的能力标准。因此，学习成果的可测量性成为评估学生是否达到这些标准的关键因素。

OBE 学习成果可测量性意味着学习成果能够通过某种方式被量化和评估。在 OBE 模式下，学习成果应该是具体、明确且能够被客观评价的。建立科学的评价体系是确保学习成果可测量性的基础。该体系应包括多元化的评价方法、清晰的评价标准和有效的反馈机制，以全面、准确地反映学生的学习成果。收集学生的学习成果数据是实现可测量性的关键步骤。通过对数据的分析和解读，可以了解学生的学习状况，为教学改进提供依据。

OBE 学习成果的可测量性可以通过以下实施方案进行。

在课程设计和开发阶段，需要明确学习成果的具体目标和标准，确保课程内容与学习成果紧密对应；加强教师培训，提高他们对 OBE 理念和学习成果可测量性的认识，帮助他们掌握有效的评价方法和技巧；鼓励学生积极参与学习过程，及时收集他们的反馈意见，以便更好地调整教学策略和提高学习成果的可测量性；根据学生的学习成果数据和反馈意见，不断改进教学方法和评价体系，提高学习成果的可测量性和准确性。

OBE 学习成果的可测量性对提高教学质量和实现教育目标具有重要意义。通过建立科学的评价体系和有效的反馈机制，可以确保学习成果能够真实反映学生的能力水平。实施策略包括课程设计与开发、教师培训与发展、学生参与反馈以及持续改进与优化。这些策略有助于提高学习成果的可测量性，推动教育改革和人才培养质量的提升。在未来的教育实践中，应继续关注 OBE 学习成果的可测量性，不断探索和完善评价方法和体系，为学生的全面发展和人才培养提供有力支持。

4. 全面性

学习成果不仅要包括知识和技能的掌握，还应该涵盖学生的情感态度、价值观和自我学习能力等方面的发展。全面性是 OBE 学习成果的一个重要特征，主要体现在以下几个方面：

① 知识、技能和态度的全面性：OBE 学习成果不仅关注学生的知识掌握程度，还关注学生的实际操作技能和情感态度。这有助于培养学生在现实生活中解决问题的能力，而不仅仅是在学术领域取得优异成绩。

② 学习过程和学习结果的全面性：OBE 强调学习过程和学习结果的紧密联系，认为学习过程的质量直接影响学习结果的质量。因此，教师需要在教学过程中关注学生的学习方法、策略和动机等方面，以提高学习效果。

③ 个体差异和多样性的全面性：OBE 认识到每个学生都有自己的特点和需求，因此在制定学习成果时需要充分考虑学生的个体差异和多样性。这有助于提高教育的公平性和包容性，使每个学生都能在适合自己的环境中发展自己的潜能。

④ 教育目标和评价标准的全面性：OBE 要求教育目标和评价标准具有明确性、可衡量性和可操作性。这有助于教师更好地指导学生达成学习成果，同时也便于对学生的学习成果进行客观、公正的评价。

⑤ 持续改进和反馈机制的全面性：OBE 强调教育是一个持续改进的过程，需要根据学生的学习成果不断调整教育策略和方法。同时，建立有效的反馈机制，让学生、家长和教师共同参与到学习成果的评价和改进过程中来。

OBE 学习成果的全面性体现了教育的多元价值，有助于培养具有创新精神、实践能力和人文素养的全面发展的人才。

5. 灵活性

学习成果的定义应该具有一定的灵活性，以适应不同学生的学习需求和不同的教学环境。OBE 学习成果的灵活性主要体现在以下几个方面：

① 个性化学习路径：OBE 允许学生根据自己的兴趣、能力和学习风格选择不同的学习路径。这意味着学生可以在给定的课程框架内，选择适合自己的学习内容和进度，从而更好地发挥个人潜能。

② 多样化的评估方法：OBE 模式下，评估不再依赖于传统的考试和测试，而是采用多种评估方法，如作品集、口头报告、实际操作演示等，以全面评价学生的知识、技能和态度。

③ 动态调整教学策略：教师可以根据学生的学习成果反馈灵活调整教学策略。如果某一部分的学生没有达到预期的学习成果，教师可以采取不同的教学方法或提供额外的辅导，以确保所有学生都能成功。

④ 跨学科学习：OBE 鼓励跨学科的学习模式，让学生能够将不同学科的知识和技能综合应用到解决实际问题中。这种方法不仅增加了学习的相关性，也提高了学习成果的适用性。

⑤ 响应社会需求：OBE 学习成果的设计通常与现实世界的需求相联系，确保学生所学的知识和技能能够与社会需求同步，并适应未来职场的变化。

⑥ 持续的学习过程：在 OBE 中，学习被视为一个持续的过程，而非仅限于学校教育阶段。这种模式鼓励终身学习的理念，学习成果不仅限于短期目标，而是着眼于长期发展。

⑦ 学生中心的教学模式：OBE 强调学生为中心的教学模式，学生参与课程设计、评估标准的制定以及评估过程，这不仅提高了学生的主动性和参与度，也使得教育

过程更加关注学生的实际需求。

通过这些灵活性的体现，OBE 旨在更有效地促进每个学生的全面发展，为他们未来的学术和职业生涯打下坚实的基础。

6. 持续改进

学习成果的定义应该是一个动态的过程，需要根据学生的反馈和学习效果不断进行优化和调整。

OBE 的核心在于通过持续改进学习成果来提升教育质量。持续改进的过程涉及多个层面：

① 数据驱动的决策：持续改进首先依赖于数据分析。通过收集与评估学生的学习成果数据，教育者可以了解到哪些教学策略有效，哪些需要调整。数据指引下的决策更客观、精准。

② 反馈循环机制：建立一个有效的反馈循环机制是持续改进的关键。教师、学生、家长以及相关的教育管理人员都应该参与到这个反馈过程中，共同讨论如何基于当前的学习成果来优化教学计划和策略。

③ 教学与评估的结合：在 OBE 中，教学和评估是不可分割的。评估不仅是检验学习成果的工具，更是促进教学改进的手段。通过将评估融入日常教学中，可以及时发现问题并调整教学方法。

④ 专业发展：教师的专业成长对于持续改进学习成果至关重要。提供持续的教师培训和专业发展机会，帮助教师掌握最新的教学理念和技术，能有效地改进教学质量和学习成果。

⑤ 课程设计的迭代：课程和教学材料应定期进行审查和修订，以确保它们符合学习成果的要求。这包括对课程内容的更新、教学方法的创新，以及评估策略的调整。

⑥ 利用科技工具：现代教育技术提供了大量支持学习成果持续改进的工具。例如，使用学习管理系统来跟踪学生的进度，使用数据分析工具来分析学习数据，或者使用在线协作平台来促进师生互动。

⑦ 以学生为中心：关注学生反馈，并将其作为改进学习成果的重要依据。学生的反馈可以揭示课程的实际影响，指出哪些地方需要改进。

⑧ 跨学科合作：鼓励不同学科之间的合作，以便整合资源，共同提升教育成果。跨学科的合作可以带来创新的教学法，丰富课程内容，提高学习的兴趣和实用性。

⑨ 长期规划与实施：持续改进需要有远见的规划和逐步的实施。设定长远的教育目标，并结合定期的评估和调整，来实现这些目标。

⑩ 文化和价值观的内化：持续改进不仅是策略和行动的调整，也需要教育者与学习者内化 OBE 的文化和价值观，确保持续改进成为教育实践的核心部分。

通过这些策略和方法，OBE 学习成果的持续改进注重适应性、反思性和动态调整，以实现教育质量的不断提升。

2.3.2 课程内容与活动

根据学习成果来设计课程内容和教学活动，确保每个学习活动都与既定的学习成果相对应，有助于学生达到这些成果。在 OBE 教学大纲中，课程内容与活动的设计应当直接关联于预定的学习成果。这意味着每个课程模块、课堂讲座、实验、项目、作业等都应当旨在帮助学生达到那些预定的能力标准。以下是如何规划和实施 OBE 教学大纲中的课程内容与活动的一些建议：

1. 对齐学习成果

确保每项课程内容和活动都与一项或多项学习成果紧密关联，避免包含与学习成果无直接关联的内容。OBE 的核心在于确保教育过程与既定的学习成果紧密对齐。

清晰、具体地定义预期的学习成果。这些成果应该描述学生在完成课程或教育计划后能够掌握的知识、技能和态度。在制定学习成果时，需要与所有利益相关者（包括学生、教师、行业专家、家长及社区成员等）进行广泛的沟通与合作，确保所设定的成果符合广泛的期望和需求。课程设计应直接支持学习成果的达成。从课程内容、教学方法到评估方式，每个方面都应与预期的学习成果保持一致。选择与学习成果相匹配的教学策略和方法。这可能包括项目式学习、问题解决、案例研究、模拟和其他学生为中心的教学法。评估不仅要衡量学生是否达到了预定的学习成果，还要促进学生的学习。因此，评估方法应该全面、公正，并且提供有助于学生进一步学习和改进的反馈。建立评估标准和评分系统，确保它们与学习成果相对应。这样，学生的表现可以明确地反映出他们在各项学习成果上的掌握程度。通过定期的审查和修订过程，确保课程内容、教学方法和评估实践始终与学习成果对齐，并响应必要的变化。向学生提供及时、建设性的反馈，帮助他们理解自己在达成学习成果方面的进展，以及如何改进。收集和分析关于学生学习成果的数据，以指导教育决策。利用这些信息来调整教学和评估策略，确保与学习成果保持一致。在教育机构内部培养一种质量文化，强调所有教育活动必须围绕实现学习成果来设计和执行。

OBE 框架下的教育活动可以更加精准地对齐学习成果，确保教学和评估活动都是为了帮助学生达到预定的学习目标。这种方法有助于提高教育的相关性和有效性，为学生的终身学习和发展奠定坚实的基础。

2. 多样化教学策略

采用多种教学策略和方法来满足不同学生的学习风格，如小组讨论、问题导向等。

使用多样化教学方法，鼓励学生参与和思考，而不是仅仅接收信息。多样化教学方法是一系列旨在促进学生积极参与和深入理解学习材料的方法。与传统的被动学习相比，活跃学习强调学生的参与和互动，以及通过实践、讨论和应用概念来加深理解。常见的多样化教学方法有：

（1）小组讨论

将学生分成小组，让他们讨论特定的主题或问题，以促进彼此之间的思想交流和学习。

小组讨论法是一种基于成果教育理念的学习方法，它强调通过小组互动和合作来达到预定的学习成果。以下是一个详细的实践方案：

① 准备阶段：首先明确通过小组讨论希望达成的具体学习成果，如解决问题的能力、批判性思维、团队合作等。根据学生的背景、能力和兴趣进行有意识的分组，确保小组成员之间的多样性和互补性。根据学习成果设计相关讨论主题，并准备必要的材料和资源。

② 实施阶段：为小组成员分配不同的角色，如组长、记录员、发言人等，确保每个成员都有特定的职责。设定讨论的基本规则，包括发言时间限制、尊重他人意见、积极倾听等。小组成员围绕主题展开讨论，通过提问、辩论和协作寻找问题的解决方案。

③ 反馈与评估：讨论过程中，教师或观察员提供即时反馈，指出小组讨论的亮点和需要改进的地方。小组成员进行互评和自评，反思自己的贡献和学习过程。每个小组将讨论成果进行展示，分享他们的发现和学习成果。教师根据学习成果进行总结评估，强调成果与讨论活动之间的联系。

④ 改进与调整：分析讨论成果与预设学习成果之间的差距，确定未达成的成果和原因。根据反馈和评估结果调整讨论主题、分组方式或讨论规则。将小组讨论

法作为常规教学活动，不断优化和改进，以更好地实现学习成果。

应用提示：确保所有小组成员都有机会参与讨论，尤其是安静或害羞的学生。利用在线论坛、实时投票等技术工具增强互动和参与度。鼓励不同学科背景的学生进行交流，以促进创新思维和综合能力的提升。

通过 OBE 小组讨论法，学生能够在合作和交流的过程中实现预定的学习成果，同时培养团队合作、沟通和批判性思维等关键能力。这种方法的成功关键在于明确的目标设定、有效的组织协调和深入的成果评估。

（2）问题导向学习

从实际问题开始，让学生通过研究、讨论和合作解决问题，从而学习相关的知识和技能。OBE 问题导向学习是一种以学生最终学习成果为出发点和归宿的教育理念和教学实践模式，旨在通过反向设计课程体系、课堂教学改革与质量管理体系的持续改进，提升高校教育质量，并推动教育教学改革。

OBE 问题导向学习的核心在于明确学生的学习成果，并以此指导整个教学设计和实施过程。这种教育模式强调以学生为中心，注重个性化教学，采用多元和梯次的评价标准，聚焦于每位学生能精熟内容的前提，提供扩展的学习机会与支持，并对学习成功保持高期待。在 OBE 模式下，教师需要从传统的“教什么”转变为“怎么教”，从学生的个体差异出发，制定不同的教学方案，确保每个学生都有机会达到预期的学习成果。

在实施过程中，OBE 要求教育者进行反向设计，即从社会、行业、用人单位等外部需求出发，确定人才培养目标，再由培养目标决定毕业要求，进一步构建课程体系和确定每门课程的学习成果与教学内容。这种方式有助于确保教育目标与结果的一致性，避免传统教育中仅能满足内部需求而忽视外部需求的问题。

（3）案例研究

使用真实或虚构的案例来模拟专业实践中的情境，让学生分析和解决案例中的问题。OBE 案例研究教学方法是一种以学生最终学习成果为导向的教育模式，强调通过具体案例来培养学生解决实际问题的能力，并实现课程教学与实际应用的紧密结合。

（4）角色扮演

学生扮演特定角色，通过模拟情景来探索不同的观念和策略。OBE 角色扮演教学方法是一种以学生为中心的互动式教学策略，旨在通过模拟真实世界情境来提高学生的参与度和理解能力。

在角色扮演教学中，教师会根据课程内容设计不同的模拟情境，让学生在这些情境中扮演特定的角色，通过实际操作来解决问题和完成任务。例如，在法学课程中，学生可以分别扮演律师、法官、被告等角色，模拟真实的法庭辩论过程。这种模拟活动不仅可以加深学生对法律程序的理解，还能锻炼他们的口头表达能力和应变能力。

此外，OBE 角色扮演教学方法具有明确的目标性和实践性。教师在设计角色扮演活动时，需要明确该活动的学习成果，确保每一个环节都围绕这些学习成果展开。这样，学生在参与过程中不仅能获得知识，还能逐步掌握达成最终学习成果所需的各种能力和技能。

OBE 角色扮演教学方法通过将学生置于模拟的情境中，使他们在亲身体验和操作中学到了实际的知识和技能，从而最大限度地提升了学习效果。这种以学生为中心，注重实践和互动的教学模式，完全符合现代教育的发展趋势，值得在更多学科和领域中推广应用。

（5）思维导图

制作思维导图帮助学生组织和可视化信息，促进对复杂概念的理解。OBE 思维导图是一种将成果导向教育理念与思维导图技术相结合的教学策略，旨在帮助学生以可视化的方式组织和整合学习内容，从而更好地理解和掌握学习成果。OBE 思维导图的应用不仅有助于学生对知识的深层理解和长期记忆，也促进他们的批判性思维和创新能力的发展。以下是 OBE 思维导图的结构和特点。

思维导图的中心放置学习成果，即学生完成课程后应达成的知识、技能或态度等目标。从核心节点延伸出的主要分支，代表与学习成果直接相关的核心课程内容或主题。从主要分支进一步延伸的次要分支，展示实现核心内容的具体学习活动，如讨论、实验、项目等。

在设计思维导图前，教师需明确具体的学习成果，这些成果应当是可衡量和可实现的。根据学习成果，设计必须掌握的课程内容，确保这些内容能够覆盖和实现预期的学习成果。通过思维导图的次要分支，规划各种学习活动和路径，指导学生通过不同的学习任务达到预定的学习成果。

学生可以在思维导图中添加自己的想法和见解，促进课堂讨论和同伴学习。教师根据学生的学习进度和反馈，灵活调整思维导图的内容和结构。利用思维导图记录学生在学习过程中的表现和进展，为学生提供及时有效的反馈。

通过将 OBE 教育理念与思维导图结合，教师可以更有效地设计和实施教学活动，同时增强学生的学习动机和参与度。使用思维导图作为教学工具，不仅帮助学生系统化地组织知识，还促进了他们批判性和创造性思维能力的发展。

（6）互动式讲座

在讲座中穿插问题、小测验或即时反馈环节，鼓励学生参与和思考。

（7）同伴教学

让学生相互教授，通过解释和讲解材料给他人来加深自己的理解。

（8）基于游戏的学习

利用游戏化元素增加学习的趣味性和参与度，如教育游戏、竞赛和挑战。

（9）实验和手工活动

通过实际操作和实验来探索科学概念或技术技能。

（10）自我评估和反思

定期让学生评估自己的学习进度和理解程度，并反思学习过程。

（11）辩论

组织辩论让学生从不同角度探讨和争论问题，锻炼批判性思维和口头表达能力。

（12）学习日志或日记

让学生记录他们的学习体验和感想，以帮助他们追踪进展和理解。

（13）多媒体项目

利用视频、音频、图像等多媒体工具来创建项目，增强信息的表达和理解。

（14）实地考察

安排实地考察或外出学习活动，使学生能够亲身体验和观察学习内容。

（15）翻转课堂

要求学生在课前预习材料，然后在课堂上进行更深入的讨论和应用练习。OBE 翻转课堂是一种现代教育模式，结合了 OBE 教育理念和翻转课堂的教学方法。这种教学模式强调以学生为中心，注重培养学生的能力，而非单纯的知识传授。

在 OBE 翻转课堂中，学生需要在课前自主获取知识，如观看微视频课程、阅读相关资料等。这有助于学生在课堂上进行更深入的讨论和练习。教师在课堂中主要针对学生无法解决的问题进行讲解，并与学生进行互动沟通，以加深学生对知识点的理解。学生在课堂上通过分组讨论、协作学习等方式，解决问题，巩固和应用所学知识。

教师为学生准备课前学习资料，包括微视频、预设问题和学习材料。学生则独立完成知识的探索和初步学习。课堂上，学生进行分组讨论，制作问题，并与教师交流互动，完成知识的内化和总结。教师根据学生的学习情况，进行总结和反馈，以促进学生进一步的学习。

OBE 翻转课堂侧重于学生的能力培养，如批判性思维、解决问题的能力等，而不仅仅是知识的灌输。学生是教学活动的主体，教师的角色更多是引导和协助，这有助于学生形成主动学习的习惯。通过互动和讨论，学生能够更好地理解和吸收知识，同时也提高了课堂的活跃度和学习的趣味性。

利用在线教学平台和信息技术手段，教师可以发布学习任务、组织讨论和进行学习考核。基于 OBE 理念的翻转课堂强调对学生学习成果的评价，而不单纯是学习过程的考核。结合线上学习和线下教学，充分利用各自的优势，提高教学效果。

在实施 OBE 翻转课堂时，需要明确教学目标，确保教学内容与学生的能力培养相匹配。这种教学模式对教师的信息技术能力和教学资源有一定的要求，需要合理地组织和准备。

OBE 翻转课堂作为一种现代教育模式，它的核心在于通过翻转传统的教学流程，将课堂时间用于更深层次的学习活动，从而提升学生的学习效果和能力培养。实施 OBE 翻转课堂需要教师具备相应的教学设计能力和信息技术应用能力，同时还需要学校和教育机构的支持和配合。

这些技巧可以单独使用，也可以组合使用，以适应不同的课程内容、学生群体和教学目标。重要的是，教师应根据学生的需求和反馈不断调整和优化教学方法，以确保有效地促进学生的学习和发展。

3. 集成核心能力

将批判性思维、沟通能力、团队合作等核心能力集成到课程内容和活动中。设计任务和评估要求学生应用这些能力以展现他们的学习成果。OBE 教学大纲的集成核心能力是指在教学过程中，除了专业知识和技能的培养外，还需要关注学生的核心能力发展。这些核心能力是学生在整个职业生涯中都需要的重要技能，无论他们选择哪个领域或职业。

在制定 OBE 教学大纲时，需要明确哪些核心能力是学生在完成课程或学位后应该具备的。这些能力通常包括但不限于：

① 批判性思维：能够分析和评估信息，形成合理的判断和决策。

② 沟通能力：在不同的情境下，能够有效地进行口头和书面表达。

③ 团队合作：能够在团队环境中有效合作，包括领导力和团队精神。

④ 问题解决：能够识别问题、生成解决方案并实施有效的解决策略。

⑤ 信息素养：能够有效地获取、评估、管理和使用信息。

⑥ 全球视野与多元文化理解：理解和尊重不同文化，具备在全球化背景下工作的能力。

⑦ 自我管理与终身学习：具备自我激励、时间管理和资源管理的能力，以及持续学习和自我提升的意愿。

⑧ 创新与创造力：能够提出新的想法，创新解决问题。

⑨ 技术能力：掌握和使用与专业相关的技术和工具。

⑩ 项目管理与执行能力：能够规划、组织和管理项目，从设计到实施。

⑪ 伦理与法律意识：理解和遵守职业道德规范和相关法律法规。

⑫ 适应性与灵活性：能够适应快速变化的环境，灵活应对新的挑战。

在 OBE 教学大纲中，这些核心能力应该贯穿于课程设计、教学方法、评估标准和整个教学过程中。通过将核心能力与专业知识和技能相结合，教育者可以培养出更全面、更具竞争力的毕业生。

4. 实践和应用场景

提供实际案例和真实世界的问题解决场景，使学生能够将理论知识应用于实践中。通过实习、现场访问或虚拟实践活动增强学生的实践经验。

应用和实践活动是 OBE 课程不可或缺的一部分。这些活动应与现实世界的情境紧密相关，使学生能够将所学知识应用于实际问题。例如，医学生通过临床实习来应用他们的医学知识，工程学生则可能参与真实的工程项目。

基于成果的教育要求教师在课程设计和实施过程中采取全新的视角。通过反向设计、学生中心的活动和实际应用，OBE 有助于确保学生能够有效地达到预期的学习成果。在各个教育层次和领域，OBE 都可以被实践，并针对不同的学习环境和需求进行调整。随着教育的不断进步，OBE 的重要性和普及性将继续增长，为学生提供更加相关和有意义的学习体验。

5. 使用评估来指导学习

设计形成性和总结性评估来测量学生对学习成果的掌握程度。反馈应具体、及时，并用于指导学生继续前进。

评估在 OBE 中占据核心位置。它不仅关注学生知晓的内容，而且更多地侧重于学生能力的实际表现和学习进步。通过多元化和层级化的评价标准，教师可以明确掌握学生的学习状态，并据此改进教学方案。这种自我参照的评估方式强调了对每个学生个性化学习进度的关注，而非将学生进行相对评价比较。

OBE 的实施要点包括确定学习成果、构建课程体系、确定教学策略、自我参照评价以及逐级达到顶峰成果。这一过程要求教育者清晰表述学习成果，并将其转换成可测评的绩效指标。同时，课程体系的构建应直接支持学生达成这些预设的能力结构。在教学策略上，OBE 模式强调研究型教学、个性化教学，以适应不同学生的学习需求。

OBE 成功实践的关键还在于持续改进。教育者和教育机构需不断反思和改善教学活动，确保学习成果与内外需求相符合，并且与时俱进。例如，中国海洋大学利用信息技术支撑 OBE 教学改革，通过专业建设系统和 Blackboard 教学管理平台提供完整的 OBE 教与学解决方案，有效支撑人才培养目标的实现。

综上所述，通过评估来指导学习的 OBE 模式，不仅提升了教育质量，也使教育更具有针对性和实用性。该模式强调以学生的学习成果作为教学设计的出发点和归宿，并通过持续的自我评价和改进来实现教育目标。对于学生而言，这种教育模式有助于他们深入理解知识，并将其应用于实际问题解决中，从而更好地为将来的职业生涯做准备。

6. 鼓励自我导向学习

发展学生的独立学习能力，通过研究项目、自学模块和探究任务。提供资源和工具，帮助学生自主探索课程内容之外的领域。OBE 自我导向学习是一种以成果导向教育理念为基础，强调学生自主学习能力的学习方法，旨在通过学生的独立探索和自我管理来实现预定的学习成果。

在自我导向学习中，这些原则被进一步内化为学生的自主学习过程，让学生在自己的学习路径上发挥主导作用。

自我导向学习的核心在于学生的自主性。与传统的被动接受学习不同，自我导向学习要求学生主动设定学习目标、策划学习路径并评估自己的学习效果。这种方法不仅增强了学生的责任感，还提高了他们对学习内容的掌握和理解能力。

在 OBE 框架下的自我导向学习具有明确的目标导向性。学生需要清楚地了解他们想要达到的学习成果，这些成果是具体、可衡量和可实现的。例如，在一个编程课程中，学生不仅要学习编程语言的语法，还要获得能够独立编写和调试程序的能力。

自我导向学习不意味着学生完全孤立地学习。实际上，教师在这一过程中扮演着重要的引导和支持角色。他们需要为学生提供必要的资源、反馈和指导，帮助学生根据 OBE 原则进行有效的学习。此外，同学之间的合作也是自我导向学习的重要组成部分，通过团队协作和讨论，学生可以更好地理解和应用所学知识。

自我导向学习强调学习的持续性和适应性。学生的学习路径和进度可能会因个人差异而异，OBE 自我导向学习允许学生根据自己的实际情况调整学习计划，以达到最终的学习成果。这种灵活性不仅有助于提升学生的学习动力，还能帮助他们发展终身学习的能力。

总之，OBE 自我导向学习结合了成果导向教育的系统性和学生自主学习的灵活性，通过明确的学习成果导向、自我管理与调节、持续反馈与评价以及灵活的学习路径，有效提升学生的学习效果和综合能力。这种方法不仅符合现代教育的需求，也为学生在未来复杂多变的工作环境中取得成功奠定了基础。

7. 持续改进

根据学生的学习成果和反馈调整课程内容和活动。定期审查课程以确保它保持相关性并满足行业需求。OBE 持续改进是一种以成果导向教育理念为基础，强调通过系统的评价和反馈机制不断优化教学过程和提高人才培养质量的方法。

OBE 理念注重以学生的学习成果作为教学设计和实施的目标，强调反向设计、以学生为中心和持续改进的过程。持续改进是 OBE 的核心部分，它要求在每个学期或学年后，对课程和教学方法进行评估和修正。这种改进是基于对学生学习成效的分析，确保每个学生都能达到预定的学习目标。

持续改进的主要环节包括：确定学习成果、构建课程体系、确定教学策略、自我参照评价以及逐级达到顶峰。这些环节构成了一个闭环改进模型，即“评价—反馈—改进”，使得教育过程能够不断地自我优化。

此外，OBE 持续改进的实施需要教师、学生和教育管理者的共同努力。教师不仅要精准掌握每名学生的学习轨迹，还需要根据学生的个体差异制订个性化的教学方案。学生则需要主动参与学习过程，积极提供反馈，以确保教学活动符合他们的需求和学习目标。

总之，OBE 持续改进不仅提升了教学质量，还培养了学生的自适应学习和解决问题的能力，为他们未来的职业发展奠定了坚实基础。这种持续改进的模式符合现代教育的需求，能够帮助学校和专业更好地适应快速变化的学术和行业环境。

8. 技术整合

利用在线学习管理系统、多媒体工具和其他技术来丰富教学内容和增加互动性。OBE 教学大纲的技术整合是指在教学过程中，有效地利用技术来支持和增强学生的学习体验，确保他们能够达到预定的学习成果。技术整合可以帮助学生更好地理解课程内容，提高他们的参与度和动机，并为他们提供更多的实践机会。

（1）在线学习管理系统

在线学习管理系统（LMS）是一种用于规划、执行和评估在线学习的软件或基于网络的技术平台。这种系统使学习者的学习变得更加容易，并为教育者提供了一个方便分享知识的平台。以下是一些主要的在线学习管理系统：

① Canvas LMS。

Canvas LMS 由美国 Instructure 公司于 2011 年推出，是一个开源学习管理系统，界面设计简洁，操作简单易用。它支持课程创建、资源管理、交流互动、学习评测等功能，能够满足课堂教学、混合式教学、翻转课堂等多种教学场景。Canvas 具有强大的数据分析功能，能够记录和分析学生的学习行为数据，帮助教师更好地了解学生的学习进度和效果。该系统支持移动应用，并可以与慕课平台、录播巡课平台等第三方平台嵌入，共享数据资源。

② 北森在线学习系统。

北森在线学习系统专注于企业培训，涵盖了从培训体系搭建到测评、学习、练习、考试、评估的全流程管理。它适用于新员工入职培训、管理干部培养以及员工日常业务培训等多种场景。该系统连接了第三方内容生态，提供了超过 1 000 门精品课程，总计课时超过 10 万分钟。管理员可以通过自动和手动提醒方式来提高员工的学习参与率和完成率，并能随时查看学习报表及数据看板了解项目进度。

③ 知否在线学习平台。

知否在线学习平台采用前后端分离的企业级微服务架构，基于 Java+Vue3 开发。它引入组件化的思想，实现高内聚低耦合，代码简洁注释丰富，易于上手。该平台包含权限认证服务、行为服务、网关服务、学习服务、会员服务、消息服务等多个模块，满足不同企业的定制化需求。

④ Moodle。

Moodle 是一款优秀的开源 LMS，广泛应用于各级学校和单位。它支持管理员、教师和学生三种主要角色，分别负责系统管理、教学管理和学习活动。Moodle 以课程为核心，通过课程关联学生和老师，并开展丰富的教学活动如作业、测试、讨论等。

⑤ Google Classroom。

Google Classroom 是广受欢迎的在线学习平台，已被全球数百万教育机构采用。它提供网络和移动应用形式，支持拖放作业界面和高级安全锁等功能。该系统与 Google Workspace for Education 无缝集成，提供了更多的选择和控制，同时支持 Google Meet 等视频会议工具。

综上所述，这些在线学习管理系统各有特色，能够满足不同类型用户的多样化需求。无论是教育机构、企业还是个人，选择合适的 LMS 平台可以大大提升学习和管理效率。

（2）多媒体资源

利用视频、音频、动画和图形等多媒体资源来丰富教学内容，帮助学生更好地理解复杂概念。多媒体资源在课程内容与活动中的应用是现代教育技术发展的一个重要方面，其通过多种媒体形式的整合，为教学提供了更丰富、更生动的手段。下面将具体探讨多媒体资源在课程内容与活动中的应用：

① 多媒体教学资源的定义和分类。

多媒体教学资源指通过图像、声音、文字和视频等多种媒体形式进行呈现的教育资源。

② 多媒体教学资源的优势。

提供丰富的信息和多样的学习体验，使学习更加生动丰富；激发学生的学习兴趣，提高学习效果，增强学生的思维能力和实践能力。

③ 多媒体教学资源的应用场景。

通过视频或图像引发学生兴趣，预热课堂氛围。利用多媒体资源解释抽象概念，帮助学生理解和记忆知识。展示真实案例、数据和图表，帮助学生理解案例内涵。进行互动练习、小组合作等，提高学习效果。

④ 多媒体资源在教学设计中的应用。

设计引导学习的环节，帮助学生主动参与课堂。选择恰当的多媒体资源，设计有趣的教学活动。设计更多样、更富有互动性的教学活动。利用多媒体技术进行快速的反馈和评价。

⑤ 注意事项。

合理使用多媒体资源，避免过度依赖。根据教学内容的特点和学生的需求选择合适的多媒体资源。熟悉相关的技术和设备操作，确保教学过程顺利进行。使用后应及时评估教学效果，不断改进和完善教学设计。

综上所述，多媒体资源在课程内容与活动中的应用，不仅能够丰富教学内容，提高教学质量，还能够激发学生的学习兴趣，增强学生的实践能力和创新思维。教师应根据教学目标和学生特点，合理选择和设计多媒体资源，以提高教学效果，促进学生的全面发展。同时，教育工作者应不断探索和实践，充分利用多媒体资源，为学生提供更加优质的教育。

（3）虚拟实验室和模拟

通过虚拟实验室和模拟软件，让学生在安全的环境中进行实验和操作，增强实践经验。虚拟实验室和模拟是现代教育技术中重要的组成部分，它们通过提供交互式的数字环境，使学生能够参与并实践通常在实体实验室中进行的实验活动。虚拟实验室是一种模拟实体实验室环境的数字化平台，它允许学生在计算机上进行实验操作，观察实验结果，并从中学习科学原理。模拟则更广泛地指代各种通过软件对现实世界情境的模拟，这可以包括科学实验、物理现象、生物过程等。

① 功能与意义。

虚拟实验室使得因各种原因无法进入实体实验室的学生能够接触到实验，如在线课程的学生或因健康问题无法到实验室的学生。在许多学校，由于空间和资金的限制，学生通常无法获得充分的实验操作机会。虚拟实验室为学生提供了更多的机会来操作和实践。虚拟实验室通常配备模拟和交互功能，增加学生的参与度和实验的互动性。在某些情况下，实验操作可能会带来危险。虚拟实验室将这种风险转移到数字环境中，确保学生的安全。

学生可以根据自己的步骤和理解速度在虚拟实验室中进行实验，这一点在实体实验室中难以做到。

② 技术发展与创新。

一些虚拟实验室开始引入 VR 和 AR 技术，提供更加沉浸式和真实的实验体验。

为了提高学习的趣味性和参与度，某些虚拟实验室正尝试加入游戏化元素，如角色扮演和积分系统。随着技术的进步，虚拟实验室中的模拟越来越逼真，能够更准确地模拟真实世界的科学过程。

③ 挑战与限制。

虚拟实验室要求学生具备稳定的互联网接入和适当的设备，这在资源匮乏的地区可能成为问题。一些高质量的虚拟实验室产品可能价格昂贵，对于经费有限的教育机构来说，这可能是一个障碍。虽然虚拟实验室提供了模拟实验的经验，但它无法完全替代实体实验室中的实际操作和不可预见的实验结果。

虚拟实验室和模拟为现代教育带来了巨大的变革和便利，它们通过提供交互式、可视化的实验环境，极大地丰富了教学手段和学习体验。然而，也存在一些挑战和限制。未来，可以预见虚拟实验室将成为教育的一个重要组成部分，特别是在实验教育和科学教育领域。

（4）协作工具

使用 Google Docs、Microsoft Teams、Slack 等协作工具，促进学生之间的团队合作和项目工作。

（5）互动式学习平台

利用 Kahoot!、Quizlet 等互动式学习平台进行小测验和游戏化学习，提高学生的参与度和兴趣。

（6）在线评估工具

使用在线测试和自动评分工具来提供即时反馈，帮助学生了解自己的学习进度。

（7）编程和计算思维

教授编程语言和计算思维，让学生能够解决实际问题并开发技术解决方案。编程和计算思维是现代教育中紧密相关且极具重要性的两个概念，它们共同构建了信息技术学科的基础框架，对于发展学生的分析和解决问题的能力具有重要作用。

计算思维则是更广泛的概念，它不仅仅限于计算机科学家或编程人员。计算思维反映的是利用计算机科学的基本概念来解决问题、设计系统和理解人类行为的思维过程。这种思维方式强调将复杂问题分解为简单子问题，识别并应用模式，抽象化以及通过算法思维自动化解决方案。

从教育的角度来看，培养学生的计算思维能力已经成为全球教育改革的重要方向之一。在中国，教育部已将计算思维列为普通高中信息技术课程的核心素养之一。

在美国及欧洲，计算思维的培养也被视为一项重要的战略计划，旨在帮助学生适应数字化时代的需求。

计算思维与编程教育的结合为学生提供了一个实践和加深理论知识理解的平台。以 Java 编程语言为例，通过学习 Java，学生不仅可以掌握编程语言的基本知识，如变量、循环、函数等，还能在解决具体问题的过程中培养计算思维能力。这种结合理论与实践的教学方式有助于提高学生的逻辑思维能力和解决问题的能力。

编程和计算思维在现代教育中扮演着至关重要的角色。编程作为一门技能，可以实际应用计算思维的理念，而计算思维则提供了一种系统化处理和解决问题的方法。通过这两者的结合，学生不仅能学到具体的技术操作，更能培养出应对复杂问题的综合思维能力。

（8）信息检索和分析

教授学生如何使用搜索引擎、数据库和数据分析工具来检索和分析信息。利用搜索引擎进行信息检索与分析是现代信息获取的重要手段，其涉及关键词选择、搜索语法使用、信息筛选和分析等多个环节。如何有效利用搜索引擎进行信息检索与分析呢？

① 选择合适的关键词。

在选择关键词时，要在通用性和特指性之间找到平衡。输入过于通用的关键词，搜索引擎会返回大量不相关的结果，而过于特指的关键词可能导致错过重要信息。例如，使用“气候变化”而不是“天气变化”，前者更能准确指向相关的科学研究和资料。对于一些时效性较强的领域，如科技、新闻等，应加入时间参数，如“2023年最新科技发展”，这样可以确保检索到的信息是最新的。

② 运用搜索语法和命令。

通过使用“+”“-”“AND”“OR”等布尔逻辑运算符，可以更精确地构建搜索请求，缩小搜索范围，提高检索的准确度。例如，使用“+”表示关键词必须出现在搜索结果中，而“-”则排除特定关键词。在搜索特定短语或全句时，使用引号或书名号能确保搜索结果中的内容保持原样。这对于查找具有特定顺序的词组、排除歧义非常有用。

③ 使用高级搜索功能。

利用搜索引擎提供的高级搜索功能，如时间、地点、文件类型等限定词，可以更精确地定位所需内容。这有助于在海量信息中快速筛选出相关度高的信息。在搜索结果页面，可以通过查看相关搜索建议、筛选条件和结果排序来进一步优化搜索结果，提高检索效率。

④ 浏览器插件与工具。

使用浏览器插件和工具（如网页截图、翻译、广告屏蔽等）可以提高搜索效率，帮助用户快速获取、理解和保存所需信息。

⑤ 避免常见搜索误区。

在选择关键词时，要避免使用过于宽泛或模糊的关键词，以及不相关的词汇和短语。同时，要注意区分大小写和同义词，以避免误导搜索引擎或错过相关内容。

⑥ 搜索引擎的选择与比较。

不同的搜索引擎在算法和资源上存在差异，导致搜索结果也可能有所不同。在执行重要或专业性较强的搜索任务时，建议尝试多个搜索引擎，并对结果进行比较和分析。

⑦ 培养信息素养。

提高自身的信息素养对于高效地进行信息检索至关重要。这包括了解搜索引擎的工作原理、掌握实用的搜索技巧、学会批判性地评估信息的真实性和相关性等。通过不断实践和学习，逐渐提高自己的信息检索能力。

此外，在深入探讨了如何利用搜索引擎进行信息检索与分析的具体方法后，还需关注一些额外的实用信息，以进一步提升搜索效果。

大多数搜索引擎提供个性化设置选项，包括界面布局、搜索历史记录、推荐偏好等。合理配置这些设置，可以使搜索体验更加符合个人习惯和需求。

根据搜索目的的不同，应灵活调整搜索策略。例如，对于学术研究，可能需要更侧重于使用学术数据库和图书馆资源；而对于日常信息查询，则可能更依赖于通用搜索引擎。

在使用搜索引擎时，应注意保护个人隐私，避免在公共场合搜索敏感信息，同时检查搜索引擎的隐私设置，确保个人信息的安全。

总的来说，利用搜索引擎进行信息检索与分析是一个涉及多方面的复杂过程。通过选择合适的关键词、运用搜索语法和命令、使用高级搜索功能、借助浏览器插件与工具、避免常见搜索误区、选择合适的搜索引擎以及培养良好的信息素养，可以有效提高信息检索的效率和准确性。同时，随着技术的不断发展和个人经验的积累，能够更加熟练地运用搜索引擎来解决各种信息需求，从而在信息时代中更好地获取、分析和利用信息。

（9）电子图书和在线期刊

提供电子图书和在线期刊的访问权限，鼓励学生进行独立研究和扩展阅读。

（10）社交媒体和博客

利用社交媒体和博客进行学术交流和分享，培养学生的数字公民意识和网络礼仪。

（11）移动学习

通过移动应用和设备，如智能手机和平板电脑，提供随时随地的学习资源。

（12）个性化学习路径

使用技术来创建个性化的学习路径，根据学生的学习速度和需求调整教学内容。

个性化学习路径是根据每个学生的学习兴趣、能力、进度和偏好，通过数据分析和人工智能技术，为其量身定制的一系列学习活动和资源，旨在最大化每个学生的学习效果和满意度。

个性化学习路径不仅考虑了学科知识，还涵盖了学生的个人兴趣和未来的职业规划。通过这种方式，教育能更贴合学生的实际需求，提高其参与度和学习动力。与传统教育模式相比，个性化学习路径推荐系统应用了先进的人工智能技术，尤其是机器学习和深度学习，在处理大规模数据时表现出惊人的能力。这些系统能够分析学生的学习行为、评估他们的学习成果，并据此给出合理的学习资源推荐。

在个性化学习路径的构建过程中，E-Learning 推荐系统发挥了关键作用。这种系统通过收集和分析学生的学习数据，识别其学习偏好和需求，从而提供最适合的学习资源和活动建议。随着技术的发展，推荐系统已经从简单的基于协同过滤的推荐，演化到融合多种技术优势的混合推荐，使得推荐结果更加准确和个性化。

个性化学习路径的研究热点在于如何更好地整合教育心理学、数据挖掘和人工智能等多个领域的成果，以优化学习体验和支持个性化学习。目前，国际上关于 E-Learning 推荐系统的研究迅速增多，研究热点包括混合推荐系统、群体推荐、基于大数据的个性化推荐、上下文感知的推荐等，这些研究成果为个性化学习路径的构建提供了科学依据和技术支持。

综上所述，个性化学习路径通过引入 E-Learning 推荐系统，利用人工智能技术实现真正意义上的学习个性化，为每位学习者提供量身定制的学习方案，极大地提升了学习效率和质量。在未来，随着技术的进步和应用，个性化学习将更加普及，成为教育领域的一股强大力量，推动传统教育模式向更加高效和公平的方向转变。

（13）可访问性工具

确保所有技术资源都具备良好的可访问性，以满足不同需求的学生。

通过这些技术整合策略，教育者可以创建一个更加灵活、互动和以学生为中心的学习环境，从而更好地支持学生达到 OBE 教学大纲中的学习成果。

9. 跨学科连接

将课程内容与其他学科知识相连接，展示概念在不同领域的应用。

在 OBE 教学大纲中，跨学科连接是指将不同学科的知识和技能整合到课程中，以帮助学生建立综合理解并应用所学的概念。这种跨学科的方法可以促进学生的批判性思维、创新能力和解决复杂问题的能力。

如何在 OBE 教学大纲中实现跨学科连接呢？

（1）识别交叉点

分析不同学科之间的共同点和关联性，找到可以相互衔接的知识点。

（2）集成课程设计

在课程设计阶段，考虑如何将相关学科的内容和技能融合到学习活动中。

（3）项目式学习

通过项目式学习，让学生在解决实际问题的过程中，运用多个学科的知识和方法。

（4）案例研究

使用跨学科的案例研究，鼓励学生从不同角度分析问题，并提出综合性的解决方案。

（5）团队教学

鼓励不同学科的教师合作，共同设计和实施跨学科的教学活动。

（6）主题学习

围绕一个中心主题设计课程，该主题涉及多个学科的重要概念和技能。

（7）讨论和辩论

安排跨学科的讨论和辩论，让学生从不同学科的视角探讨问题。

（8）资源共享

利用在线平台或学习管理系统，让学生和教师共享不同学科的资源和材料。

（9）学生导向学习

鼓励学生根据自己的兴趣和职业目标，选择跨学科的学习路径。

（10）评估方法

设计能够评估学生在不同学科知识和技能上表现的评估方法。

（11）社区和行业合作

与社区和行业合作，开发真实世界的问题，让学生在解决这些问题时应用跨学科知识。

（12）反思和自评

鼓励学生反思他们的学习过程，并评价自己如何将不同学科的知识整合到一起。

通过这些策略，OBE 教学大纲可以培养学生的综合能力，使他们能够在复杂的现实世界中有效地应用所学的知识和技能。跨学科教育还有助于学生理解知识的多样性和相互关联性，为他们的未来学术和职业生涯打下坚实的基础。

通过这样的方式，OBE 教学大纲确保了教育过程是以学生为中心的，并且专注于他们达成具体的学习目标。这种以成果为导向的方法强调了教育的实用性和功能性，旨在帮助学生成功地进入职场和开展未来的学习。

实现跨学科连接在成果导向教育中具有重要意义，它能够提升学生的综合能力和解决复杂问题的能力。以下将详细介绍如何在 OBE 教学大纲中实现跨学科连接:

（1）确定跨学科学习成果

需要确定跨学科的学习成果，这些成果应涵盖多个学科的核心能力。例如，一个工程项目可能会涉及力学、材料科学和计算机科学等多个领域。学习成果要可清楚表述和测评，转换绩效指标时应充分考虑各学科的融合点。

在确定学习成果时，要广泛征求教育利益相关者的意见，包括政府、学校、用人单位以及学生等。这些意见有助于确保跨学科学习成果具有实际意义，符合社会需求。

（2）重构跨学科课程体系

构建课程体系时，需要确保每个学科的课程对实现跨学科能力有明确的支撑作用。例如，设计一门课程，既包含材料力学的内容，又涉及计算机编程，以培养学生在材料选择和算法优化方面的能力。

从最终的跨学科项目或作品（如毕业设计、综合实验等）反向设计课程体系，确保每门课程都对最终目标有贡献。这种反向设计方法可以有效避免课程间的重复和矛盾，增强课程的系统性和连贯性。

（3）制定跨学科教学策略

采用混合式教学模式，结合线上资源和线下实践，通过案例分析、小组讨论、项目式学习等方式，提高学生的参与度和学习效果。例如，《材料力学性能》课程就可以引入复杂的工程问题，让学生在解决问题的过程中掌握跨学科知识。

根据学生的学习轨迹和基础，提供不同的学习路径和机会。教师需要灵活调整教学策略，满足不同学生的跨学科学习需求。

（4）多元评价体系

评价应关注学生在跨学科领域的具体进步，而非单一的学科成绩。采用多元化的评价标准，强调个人进步和团队合作能力。

通过自我评估和师生共同评价的方式，反思学习过程，为改进教学提供参考。这种评价方式有助于发现跨学科学习中的不足，并及时进行调整。

（5）逐级达到顶峰成果

将学习进程划分为多个阶段，每个阶段都有明确的跨学科目标。学生可以根据自己的学习能力，通过不同途径和时间达成同一目标，确保最终实现顶峰成果。

通过综合性项目将多个学科的知识融合在一起，如工程设计、科学研究等。这类项目不仅锻炼学生的跨学科能力，还能让他们看到不同学科之间的联系，增强学习的趣味性和实用性。

（6）案例研究与实际操作

通过设计跨学科的实验课程，让学生在实践中掌握多学科知识和技能。例如，某高校在实验课程中，将材料学和机械工程相结合，让学生在实验中理解材料性能对机械设计的影响。

鼓励学生参与跨学科的科研项目，通过解决实际问题来深化他们的知识理解和应用能力。这种科研经历不仅能提升学生的综合素质，还能为他们未来的职业发展打下坚实基础。

（7）反馈与持续改进

建立定期反馈机制，收集学生、教师和行业专家对跨学科教学的意见和建议。这些反馈有助于及时发现问题，改进教学方法。

将持续改进理念贯穿于整个教学过程中。不断调整教学大纲和课程内容，确保跨学科教学始终符合最新的教育需求和科技发展。

通过上述七个步骤，可以在 OBE 教学大纲中实现有效的跨学科连接，提升学生的综合能力和未来竞争力。这种跨学科的教育模式不仅符合现代教育的需求，还能为学生的全面发展奠定坚实基础。

综上所述，实现 OBE 教学大纲中的跨学科连接需要系统的规划和实施，从确定跨学科学习成果到持续改进，每一步都需要精心设计和协调。通过这种方式，可以有效提升学生的综合能力和未来竞争力，为他们的全面发展奠定坚实基础。这不仅符合现代教育的需求，还能为学生的未来职业发展提供有力支持。

2.3.3 教学方法

采用多样化的教学方法，包括讲座、讨论、实验、案例分析、项目工作等。

鼓励学生主动学习，通过实践活动和任务来提高他们的批判性思维和创新能力。

OBE教学大纲的教学方法是多样化的，旨在确保学生能够达到预定的学习成果。这些方法强调学生的积极参与、理解深度和技能应用，而不仅仅是知识的被动接收。以下是一些与 OBE 教学大纲相适应的教学方法：

1. 活跃学习

通过小组讨论、互动式演示和实验等活动，鼓励学生积极参与课堂。

2. 案例研究

使用真实或构建的案例来模拟专业实践中的情境，让学生分析和解决复杂的问题。

3. 项目式学习

设计以项目为中心的任务，要求学生应用所学知识来解决实际问题，通常涉及跨学科的内容。

4. 翻转课堂

要求学生在课前预习材料，然后在课堂上进行更深入的讨论和应用练习。

5. 同伴教学

让学生相互教授，通过解释和讲解材料给他人来加深自己的理解。

6. 基于游戏的学习

利用游戏化元素增加学习的趣味性和参与度，如教育游戏、竞赛和挑战。

7. 自我评估和反思

定期让学生评估自己的学习进度和理解程度，并反思学习过程。

8. 辩论和批判性思维

组织辩论让学生从不同角度探讨和争论问题，锻炼批判性思维和口头表达能力。

9. 多媒体和技术集成

使用视频、音频、图像等多媒体工具来创建项目，增强信息的表达和理解。

10. 实地考察和外出学习

安排实地考察或外出学习活动，使学生能够亲身体验和观察学习内容。

11. 在线学习管理系统

利用 LMS 提供课程材料、作业提交、讨论区和成绩反馈。

12. 模拟和角色扮演

通过模拟和角色扮演活动，让学生在控制的环境中实践和体验真实世界的情境。

13. 故事讲述和叙事

使用故事讲述技巧来传达复杂的概念，使学习内容更加生动和易于记忆。

14. 混合式学习

结合线上和线下教学资源和方法，为学生提供灵活的学习途径。

15. 差异化教学

根据学生的不同需求和能力水平，提供个性化的学习支持和资源。

这些教学方法不仅有助于学生达到 OBE 教学大纲中的学习成果，还能够培养他们的批判性思维、沟通能力、团队合作和其他核心能力。教师应根据课程目标和学生的需求，灵活选择和组合这些方法，以实现最佳的教学效果。

2.3.4 评估方法

使用多种评估工具和方法来测量学生是否达到了学习成果，如考试、作业、项目、口头报告、同行评价等。

评估不仅关注学生的知识掌握程度，还包括他们的应用能力、分析能力和综合素质。

OBE 教学大纲的评估方法专注于测量学生是否达到了预定的学习成果。这些评估方法通常更加灵活和多样化，旨在全面评价学生的知识、技能、态度和价值观。以下是一些与 OBE 教学大纲相适应的评估方法：

1. 形成性评估

进行定期的检查和反馈，帮助学生在学习过程中及时了解自己的进展和需要改进的地方。

2. 总结性评估

在课程结束时进行，以确定学生是否达到了学习成果的要求。

3. 项目评估

通过实际项目的完成情况来评估学生的应用能力和综合理解。

4. 口头报告和演讲

评价学生的沟通能力和对材料的掌握程度。

5. 同伴评价

让学生互相评估对方的工作，促进批判性思维和团队合作。

6. 自我评估

鼓励学生对自己的学习进行反思和评价，培养自我监控和终身学习的能力。

7. 实践考核

通过实习、实验或模拟活动来评估学生的实际操作能力。

8. 作品集

收集学生的作品集，展示他们在一段时间内的学习成就和进步。

9. 案例分析

通过分析具体案例来评估学生的分析和解决问题的能力。

10. 考试和测验

传统的考试和测验也可以用于评估学生对知识的理解和记忆。

11. 参与度和课堂表现

评估学生在课堂讨论和其他互动活动中的参与度和贡献。

12. 基于能力的评估

直接评估学生的核心能力和技能，如批判性思维、团队合作等。

13. 基于标准的评估

根据预先设定的标准和基准来评估学生的学习成果。

14. 电子组合

使用电子工具收集学生的学习证据，如在线作品集和电子学习档案。

15. 持续性评估

在整个学习过程中持续进行评估，而不是仅在学习结束时进行。

OBE 教学大纲的评估方法应该是多元化的，不仅包括传统的笔试和口试，还包括项目、实践、参与度等多种方式。这种多元化的评估方法有助于全面了解学生的学习情况，同时也能够激励学生积极参与学习过程。教师应根据学习成果的性质和学生的具体情况，选择合适的评估方法。

2.3.5 反馈与改进

提供及时和具体的反馈，帮助学生了解他们在哪些领域做得好，哪些领域需要改进。根据学生的学习成果和反馈来调整教学内容和方法，以提高教学质量。

OBE 教学大纲是一种以学生的学习成果为中心的教学方法。在这种方法中，教师需要明确设定学习目标，然后设计和实施教学活动，最后评估学生的学习成果是否达到了预定的目标。

反馈与改进是 OBE 教学大纲的重要环节，以下是一些可能的步骤：

① 收集反馈：教师可以通过多种方式收集学生的反馈，如课堂讨论、作业、测试、问卷调查等。这些反馈可以帮助教师了解学生的学习进度和困难。

② 分析反馈：教师需要对收集到的反馈进行分析，找出学生在学习过程中遇到的问题和困难，以及教学大纲中可能存在的问题。

③ 制订改进计划：根据反馈分析的结果，教师需要制定改进计划，如调整教学内容、方法或评估方式，以提高学生的学习成果。

④ 实施改进：教师将改进计划应用到实际教学中，观察改进效果。

⑤ 再次收集反馈：改进后，教师需要再次收集学生的反馈，以评估改进的效果。

⑥ 循环反馈与改进：反馈与改进是一个持续的过程，教师需要不断地收集反馈、分析问题、制定和实施改进计划，以提高教学质量和学生的学习成果。

总的来说，OBE 教学大纲的反馈与改进是一个动态的过程，需要教师不断地反思和调整教学策略，以实现最佳的教学效果。

2.3.6 质量保证

定期审查和更新教学大纲，确保它能够满足教育目标和市场需求的变化。

通过内部和外部的质量保证机制来监控和评估教育过程和成果。OBE 教学大纲的优势在于它的透明性和灵活性，学生、教师和雇主都能清楚地了解教育的目标和期望成果。此外，它还鼓励持续改进和创新，以适应不断变化的教育环境和职业市场。

OBE 教学大纲的质量保证主要依赖于明确的课程目标、合理的教学设计以及持续的评估与反馈机制。

课程目标应当具体、明确，以学生为中心，并且能够反映学生在完成课程后应达到的能力水平。这些目标应当与学校的整体教育目标相一致，并且能够指导教学活动的设计。

教学设计应当基于课程目标，选择合适的教学内容和方法，确保学生能够通过学习活动实现预期的学习成果。这包括合理安排课程内容、选择有效的教学方法和评估策略。

定期对教学过程和学生学习成果进行评估，以确定是否达到了课程目标。评估应该是多元化的，包括形成性评估和总结性评估，以便及时调整教学策略。

提供持续的教师培训和支持，帮助教师掌握 OBE 的理念和实践，提升他们的教学能力和专业素养。

鼓励学生、家长、行业专家等利益相关者参与到教学大纲的制定和评估过程中，以确保课程内容和教学方法能够满足不同利益相关者的期望和需求。

确保有足够的教学资源支持 OBE 教学大纲的实施，包括教材、实验室、技术支持等。

保持教学大纲的透明度，明确教师和学生的责任，确保所有参与者都清楚自己的角色和期望。

建立一个持续改进的教学环境，鼓励创新和实验，不断寻找提高教学质量和学习成果的方法。

将评估结果应用于教学大纲的持续改进中，确保教学活动和评估策略始终围绕学生的学习成果展开。

教学大纲应该具有一定的灵活性，能够根据学生的反馈和学习成果的变化进行调整。

保持详细的教学记录和文档，以便于监督和评估教学质量。

定期进行内部和外部的质量审核，以确保教学大纲的质量和实施效果。

OBE 教学大纲的质量保证是一个多方面的过程，需要教育者不断地评估、反思和调整教学实践，以确保学生能够达到预期的学习成果。

2.4 “JavaEE 程序设计”课程特点

“JavaEE 程序设计”课程是面向企业级应用开发的标准平台，具有以下特点：

1. 实践性强

JavaEE 课程强调理论与实践的结合，要求学生通过大量的编程实践来掌握知识与技术。

2. 覆盖广泛技术

课程内容涵盖了 JavaEE 的核心技术，包括表示层、业务逻辑层和数据层的开发技术，以及 Web 前端和数据库方面的基础知识。

3. 框架技术教学

重点讲授 Struts2、Hibernate 和 Spring 等主流框架技术及其整合应用，培养学生利用这些技术进行高效开发的能力。

4. 案例驱动学习

课程采用由浅入深的案例教学方法，帮助学生理解并掌握 JavaEE 的典型应用，提高解决实际问题的能力。

5. 跨平台性与可移植性

JavaEE 技术具有很强的跨平台性和可移植性，这对于企业级应用尤为重要，因为它们通常需要在不同的环境中运行。

6. 面向对象编程

Java 语言的核心特性之一就是面向对象，这也是 JavaEE 课程的一个教学重点，有助于学生理解和实现复杂的系统设计。

7. 综合实验

通过综合实验环节，学生可以加深对 JavaEE 开发技术的深入理解和动手能力，为今后的工作或研究打下坚实的基础。

8. 市场认可度高

JavaEE 技术在企业级网络业务开发领域中占据了较大的市场份额，因此，掌握这门课程的内容对学生就业非常有利。

9. 更新迅速

随着技术的发展，该课程还会及时更新教材和教学内容，以保持与行业标准和技术发展的同步。

综上所述，“JavaEE 程序设计”课程是一门理论与实践相结合的课程，不仅注重基本概念和原理的教学，还强调框架技术和案例实践，旨在培养学生具备开发现代企业级应用的能力。通过学习，学生应能熟练掌握各种 Java EE 技术，并能将这些技术应用于构建可靠、可维护的企业级应用程序。

2.5 线上线下混合式教学的优势与挑战

2.5.1 线上线下混合式教学

线上线下混合式教学，又称为混合学习或混成学习，是教育领域中一种将传统面对面教学与线上教学相结合的教学模式。这种模式旨在通过结合两种方式的优势来提高教学效果。

线上线下混合式教学不仅仅是把线上教学和线下教学简单叠加，而是要实现二者的深度融合，发挥各自的优势，形成协同效应。线上教学以其灵活性、精准性和丰富多样的学习资源带来个性化和自主化的学习体验；而线下教学则通过面对面互动，强化社交联系和实践操作能力。

在实施线上线下混合式教学时，通常采用多种具体模式来满足不同学科和教育目标的需求：

1. 互补型模式

线上主要进行知识技能的学习，线下则开展互动活动和问题解决等。此模式要求教师提前准备好线上学习资源，学生在课前自学，课堂时间则用于讨论、实验和项目合作等。这种模式充分发挥了线上学习的精确性和线下学习的深入性。

2. 翻转型模式

学生在课前通过线上资源自学，课堂时间用于教师对学生的个别化辅导和答疑。这种模式强调学生的预习和课堂上的个性化指导，有助于提升学习的针对性和有效性。

3. 合作型模式

根据教师的不同专长，分配线上和线下的教学任务。例如，某些教师擅长在线授课，负责录制高质量的视频资源；其他教师则在课堂上进行指导和评价。这种模式利用了每位教师的优势，确保教学质量。

线上线下混合式教学还面临一些挑战，如技术依赖性强、学生自律性要求高以及社交平台互动减少等问题。解决这些挑战需要多方面的努力：为教师和学生提供必要的技术培训，确保他们能熟练使用各种在线学习工具。学校应建立完善的技术支持体系，提供及时的技术维护和咨询服务。通过设计更具互动性和参与性的在线课程，激发学生的学习兴趣和自律性。同时，可以通过设立学习小组、定时提醒等方式，帮助学生更好地管理自己的学习进度。虽然线上学习可能导致学生之间的社交互动减少，但可以通过在线讨论区、虚拟实验室等方式，模拟线下互动环境，增强学生的社交体验。

综上所述，线上线下混合式教学作为一种创新的教学模式，通过有效融合线上学习的灵活性和线下学习的互动性，能够显著提升教学效果和学习体验。尽管面临技术依赖、自律性要求高等挑战，通过科学合理的设计和持续改进，这一教学模式有望在未来得到更广泛的应用和发展。

2.5.2 优势

1. 灵活性

学生可以根据自己的时间表进行在线学习，这为那些需要在工作、学习和家庭之间平衡时间的学生提供了便利。

2. 个性化学习

在线组件通常包括自适应学习技术，可以根据每个学生的进度和理解能力调整教学内容和难度。

3. 增强互动性

线下课堂可以提供即时反馈和更深层次的讨论，而线上环境则可以通过论坛、聊天室等工具促进学生之间的交流。

4. 资源共享

教师可以利用网络资源丰富教学内容，学生也可以从各种在线资源中受益，这些资源可能是他们在传统课堂上无法获得的。

5. 巩固知识

线上学习可以作为线下教学的补充，帮助学生在课堂之外复习和巩固所学知识。

6. 技能发展

混合式教学鼓励学生发展自我导向学习的技能，这对于他们未来的学术和职业发展都是重要的。

7. 扩展学习机会

对于无法亲临现场的学生，线上部分提供了参与课程的机会，扩大了教育的覆盖范围。

2.5.3 挑战

1. 技术问题

需要可靠的技术支持和设备，网络不稳定、软件兼容性问题等都可能影响学习体验。

2. 学生参与度

在线学习需要学生具有高度的自我管理能力和自律性，缺乏面对面互动可能导致某些学生感到孤立，减少他们的参与度。

3. 教师培训

教师可能需要额外的培训来掌握线上教学工具和方法，以及如何有效地结合线上线下教学。

4. 评估困难

在线上环境中监控和评估学生的学习进度可能比传统课堂更为困难。

5. 课程设计

设计有效的混合式课程需要更多的时间和资源，教师需要精心规划课程结构和内容。

6. 成本问题

虽然线上资源可以节省一些成本，但初期可能需要投资于技术和培训。

7. 学术诚信

在线学习环境中更难确保考试和作业的学术诚信，需要采取额外措施防止作弊。

线上线下混合式教学提供了一个多元化的学习环境，可以满足不同学生的需求，并促进个性化和自主学习。然而，为了克服其中的挑战，教育机构需要投入适当的资源和支持，包括技术基础设施、教师培训和课程设计等。

第三章 EIP+CDIO+OBE整合模式构建

EIP旨在通过整合教育资源，强化实践教学，培养学生的创新能力和实践技能。CDIO教育模式则提供了一套系统的方法论，强调以项目为基础的学习过程，其核心在于将理论与实践相结合，培养学生从构思到设计，再到实施和运作的全过程能力。而OBE教育理念，则侧重于学习成果的明确预期和评估，以确保学生能够达到预定的学习目标。

构建EIP+CDIO+OBE整合模式，对这三种教育模式进行深入分析，理解它们各自的核心价值和实施要点。探讨如何将这三种模式的优势相互融合，形成一个互补且协调一致的教育体系。对教育模式进行顶层设计，确立整合后的教育目标、课程体系、教学方法和评价标准。

3.1 整合模式的理论框架

EIP+CDIO+OBE整合模式的理论框架是结合了工程实践、CDIO理念以及成果导向教育的一种综合型工程教育模式。

整合这三种模式的理论框架，意味着在一个统一的教育体系中，将工程实践作为基础，以CDIO的教育理念为指导，确保教学活动围绕学生能力的实际成果展开。这种整合模式有助于培养具有实际操作能力、创新思维和团队协作精神的工程师。

整合理论框架强调实践和理论的融合。EIP的理念要求教育不仅要有坚实的理论基础，还要有丰富的实践经验。这意味着学生需要通过实验室工作、实习、项目设计和团队合作等活动，将理论知识应用于实际问题中。

整合理论框架强调全周期的工程能力培养。CDIO模式强调从产品的构思到设计、实施和运作的全过程。这要求学生不仅要掌握技术知识，还要具备项目管理、团队合作和持续改进的能力。

整合理论框架强调以学习成果为导向。OBE 模式聚焦于学生在完成课程后应该达到的能力水平。这种模式鼓励教师明确设定学习目标，并根据这些目标来设计课程内容、教学方法和评估标准。这样可以确保教学活动是围绕学生的实际需求和未来职业发展而展开的。

整合理论框架强调持续改进的教育过程。通过定期收集和分析学生的反馈、评估学生的学习成果以及与行业专家的合作，教育者可以不断调整教学方法和内容，以满足不断变化的工程领域的需求。

综上所述，EIP+CDIO+OBE 整合模式的理论框架是一个全面的、以学生为中心的教育方法，旨在培养学生的实际操作能力、创新思维和团队协作精神。通过实践和理论的融合、全周期的工程能力培养以及以学习成果为导向的教育过程，这种整合模式为工程教育提供了一种有效的途径。

‖ 3.2 ‖ 教学目标与能力培养

教学目标与能力培养是教育过程中的核心要素，它们之间存在紧密的联系。

3.2.1 教学目标

教学目标是教育活动的预期结果，是学生在完成特定课程或学习阶段后应达到的知识、技能和态度水平。教学目标应该是明确的、可衡量的，并且与学校或教育机构的整体教育目标相一致。教学目标通常分为认知目标、技能目标和情感目标，分别对应于知识的掌握、技能的运用和态度的形成。

3.2.2 能力培养

能力培养是指通过教育和训练活动，帮助学生发展和提高他们的各种能力。这些能力不仅包括专业技能和实际操作能力，还包括沟通协作、批判性思维、创新解决问题等软技能。能力培养的目标是使学生能够在未来的学习和职业生涯中有效地应用所学知识和技能。

3.2.3 教学目标与能力培养之间的联系

教学目标为能力培养提供了方向和标准。教师根据教学目标设计课程内容和教学方法，以确保学生能够达到预期的能力水平。

在教学过程中，教师需要将知识传授和能力培养相结合。这意味着教学活动不仅要传递知识，还要提供实践机会，让学生通过实际操作和体验来发展相关能力。

教学目标是评估学生能力培养成果的依据。通过对比教学目标和学生的实际表现，教师可以判断学生是否达到了预期的能力水平，并据此调整教学策略。

教学目标和能力培养是一个动态的过程。教师需要根据学生的反馈、学习成果和教育需求的变化，不断调整教学目标和能力培养的重点。

教学目标与能力培养是教育过程中相互关联的两个核心要素。明确设定的教学目标能够为学生的能力培养提供方向和标准，而有效的能力培养则能够帮助学生实现教学目标，从而促进学生的全面发展。

3.2.4 EIP+CDIO+OBE 整合模式下的教学目标与能力培养

EIP+CDIO+OBE 整合模式下的教学目标与能力培养是一个综合性的教育框架，旨在通过工程实践、全周期的工程能力和以学习成果为导向的教育模式相结合，来提升学生的综合素质和工程实践能力。

1. 教学目标

在 EIP+CDIO+OBE 整合模式下，教学目标应该是明确且具有挑战性的，能够激发学生的学习动力和实践兴趣。这些目标应该包括专业技能、团队合作、创新思维、项目管理等方面，以培养学生成为具有实际操作能力、创新精神和良好职业素养的工程师。

教学目标为教学活动提供方向和标准，帮助教师设计合适的教学内容和方法，确保学生能够实现预期的学习成果。

教学目标通常分为三个层次：认知目标、技能目标和情感目标。

（1）认知目标

认知目标涉及知识的理解和掌握。它包括记忆、理解、分析、评价和创造等方面，要求学生能够回忆和描述信息、解释概念、分析问题、评估论点以及创造新的知识或解决方案。

（2）技能目标

技能目标涉及技能和操作的掌握。它包括实验操作、数据分析、演讲表达等方面，要求学生能够熟练运用所学技能解决实际问题，具备实践操作能力。

（3）情感目标

情感目标涉及态度和价值观的形成。它包括团队合作、诚信、尊重等方面，要求学生在学习过程中形成积极的态度和正确的价值观，具备良好的职业素养和社会责任感。

在 EIP+CDIO+OBE 整合模式下，教学目标的设定需要遵循的原则如下：

① 与教育理念相结合。

教学目标应该与 EIP、CDIO 和 OBE 的教育理念相结合，强调实践性、创新性和以学生为中心的教学过程。这有助于培养学生的实际操作能力、创新思维和团队协作精神。

② 具体、明确、可衡量。

教学目标应该是具体、明确和可衡量的，以便教师和学生能够清晰地了解预期的学习成果，这有助于提高教学效果和学生的学习动力。

③ 灵活，可调适性强。

教学目标应该具有一定的灵活性和调适性，能够根据学生的学习进度和反馈进行调整。这有助于满足不同学生的学习需求，实现个性化教学。

总之，教学目标在教育过程中起着至关重要的作用。它为教学活动提供方向和标准，帮助教师设计合适的教学内容和方法，确保学生能够实现预期的学习成果。在 EIP+CDIO+OBE 整合模式下，教师需要根据教育理念和学生的需求，设定具体、明确和灵活的教学目标，以提高教学质量和学生的学习体验。

2. 能力培养

能力培养是整合模式下的核心任务。教师需要通过设计各种教学活动，如实验、实习、课程设计和毕业设计等，来提升学生的工程实践能力和综合素质。同时，教师还需要关注学生的沟通协作、批判性思维、创新解决问题等软技能的培养，为学生的未来职业生涯打下坚实的基础。

（1）专业技能

专业技能是指学生在特定领域或职业中所需的具体技能。这些技能通常涉及专业知识的应用，如工程分析、编程、实验技术等。能力培养的目的是确保学生具备他们未来职业生涯所需的专业技能。

（2）实际操作能力

实际操作能力是指学生将理论知识应用于实际情境的能力。这包括实验操作、设备使用、数据处理等。通过实验室工作、实习和项目设计等活动，学生可以提高他们的实际操作能力。

（3）沟通协作能力

沟通协作能力是指学生与他人交流信息和合作完成任务的能力。这包括口头和书面沟通、团队工作、领导力等。通过小组讨论、演讲和团队项目等活动，学生可以提高他们的沟通协作能力。

（4）批判性思维能力

批判性思维能力是指学生分析和评估问题的能力。这包括逻辑推理、证据评估、假设测试等。通过案例研究、辩论和问题解决等活动，学生可以提高他们的批判性思维能力。

（5）创新解决问题的能力

创新解决问题的能力是指学生面对新问题时提出创新解决方案的能力。这要求学生具备创造力、适应性和决策能力。通过设计项目、创业活动和模拟挑战等活动，学生可以提高他们的创新解决问题的能力。

在 EIP+CDIO+OBE 整合模式下，能力培养的实施可以遵循以下步骤：

① 明确能力培养目标。

根据教学目标和学生需求，明确能力培养的具体目标。这有助于教师有针对性地设计教学活动和资源。

② 设计实践活动。

设计各种实践活动，如实验、实习、项目设计等，以提供学生实践和应用所学知识的机会。

③ 提供反馈和支持。

在学生进行实践活动时，教师应提供及时的反馈和必要的支持，帮助学生识别和改进他们的弱点。

④ 评估和调整。

定期评估学生的能力发展情况，并根据评估结果调整教学策略和活动。这有助于确保学生能够达到预期的能力培养目标。

能力培养是教育过程中的重要组成部分，它旨在帮助学生发展和提高他们的各种能力。在 EIP+CDIO+OBE 整合模式下，教师需要根据教学目标和学生的需求，设计相应的教学活动和资源，以实现有效的能力培养。

综上所述，EIP+CDIO+OBE 整合模式下的教学目标与能力培养是一个相互关联的过程。教学目标为能力培养提供了方向和标准，而有效的能力培养则能够帮助学生实现教学目标。通过这种整合模式，教育者可以更好地培养学生的实际操作能力、创新思维和团队协作精神，从而提高工程教育的质量。

‖ 3.3 ‖ 教学内容与资源开发

教学内容与资源开发是教育过程中至关重要的两个方面。它们对于确保教学活动的有效性和学生学习成果的最大化具有重要影响。

3.3.1 教学内容

教学内容是指在教育过程中向学生传授的知识、技能和价值观。它通常包括课程大纲、教材、讲义、实验指导书等。教学内容应该根据教学目标和学生的学习需求进行精心设计，以确保学生能够掌握所需的知识和技能。

1. 教学内容的传递

（1）知识传授

教学内容包括各类学科知识，如数学、科学、语言、社会科学等。这些知识是学生理解世界和解决问题的基础，也是他们未来职业发展的必要条件。教师需要根据教学目标和学生的需求，选择合适的知识点进行传授。

（2）技能培养

教学内容还包括各类技能的培养，如实验操作、数据分析、演讲表达等。这些技能对于学生的职业发展和综合素养的提升至关重要。教师需要设计实践性的教学活动，帮助学生掌握这些技能。

（3）价值观塑造

教学内容还涉及价值观的塑造，如诚信、尊重、团队合作等。这些价值观是学生成为合格公民和优秀职业人士的重要素质。教师需要通过案例分析、讨论交流等方式，引导学生形成正确的价值观。

2. 教学内容的设计原则

在 EIP+CDIO+OBE 整合模式下，教学内容的设计需要遵循以下几个原则：

（1）与教学目标相结合

教学内容应该与教学目标紧密相连，确保学生能够达到预期的学习成果。教师需要明确教学目标，并据此设计相应的教学内容。

（2）实践性与应用性

教学内容应该注重实践性和应用性，帮助学生将理论知识应用于实际问题中。这可以通过增加实验、实习、项目设计等实践环节来实现。

（3）创新性与前沿性

教学内容应该具有创新性和前沿性，反映行业发展的最新趋势和技术进步。这可以帮助学生保持竞争力，为未来的职业发展打下坚实基础。

（4）个性化与差异化

教学内容应该考虑到学生的个性化需求和差异性，为不同背景和能力的学生提供适合的教学资源和支持。这可以通过个性化学习计划、选修课程等方式来实现。

总之，教学内容是教育过程中的重要组成部分，它直接影响学生的学习成果和能力培养。在 EIP+CDIO+OBE 整合模式下，教师需要根据教学目标和学生的需求，设计实践性、应用性、创新性和个性化的教学内容，以提高教学质量和学生的学习体验。

3.3.2　资源开发

资源开发是指为支持教学内容而提供的各类教学资源。这些资源包括教材、实验设备、多媒体课件、在线学习平台等。资源开发的目标是为学生提供丰富多样的学习材料和环境，以促进他们的学习和理解。

在 EIP+CDIO+OBE 整合模式下，教学内容与资源开发需要紧密结合，以满足学生的实际需求和未来职业发展。具体来说，教师需要根据教学目标和能力培养的要求，选择和开发适合学生的教学内容和资源，涉及以下几个方面：

1. 实践性资源

为了培养学生的实际操作能力，教师需要提供丰富的实践性资源，如实验室设备、实习机会、项目案例等。这些资源可以帮助学生将理论知识应用于实际问题中，提高他们的工程实践能力。

（1）实验室和设备

实验室是进行科学实验和工程技术实践的重要场所。实验室应配备必要的设备和仪器，如计算机、软件、实验工具等，以便学生进行各类实验和测试。

（2）实习和实践基地

实习和实践基地是学生进行职业实践和技能培训的场所。学校可以与企业、机构和行业组织合作，建立实习基地，为学生提供实际工作环境的经验和机会。

（3）项目案例和数据集

项目案例和数据集可以为学生提供解决实际问题的机会。教师可以设计与真实世界相关的项目案例，要求学生分析数据、提出解决方案，并进行项目管理和评估。

（4）在线学习平台和虚拟实验室

在线学习平台和虚拟实验室可以为学生提供远程学习和实践的机会。学生可以通过互联网访问课程材料、视频讲座、互动讨论和虚拟实验，以支持他们的学习和实践。

（5）专家指导和辅导

专家指导和辅导是实践性学习的重要资源。教师和行业专家可以为学生提供个性化的指导和建议，帮助他们解决实践中的问题和挑战。

在 EIP+CDIO+OBE 整合模式下，实践性资源的利用对于实现教学目标和能力培养至关重要。教师需要根据教学目标和学生的需求，选择合适的实践性资源，并设计相应的实践活动。这有助于学生将理论知识应用于实际问题中，提高他们的实践能力和综合素质。

2. 技术资源

随着技术的不断发展，教师需要不断更新和完善教学资源，以保持与行业的同步。这包括使用最新的软件工具、硬件设备和多媒体技术等，为学生提供更好的学习体验和实践环境。

3. 网络资源

利用互联网和在线学习平台可以为学生提供更广泛的学习资源和交流机会。教师可以在网上发布课程资料、作业和讨论题，方便学生随时随地进行学习和交流。

网络资源的主要特点包括：

① 多样性：网络资源涵盖了各种形式与教育相关的知识、资料、情报和消息等。这些资源可以是电子书、学术论文、教学视频、互动教程等，为学生和教师提供了丰富的学习材料。

② 便捷性：网络资源可以通过计算机网络通信方式进行传递，使得信息的获取更加快捷方便。用户可以通过搜索引擎快速找到所需的资料，无须前往实体图书馆或资料室。

③ 时效性：互联网上的资源具有很高的时效性，信息更新迅速，能够及时反

映最新的研究成果和社会动态。

④ 广泛性：网络资源内容的广泛性，几乎涵盖了所有学科领域，满足了不同用户的学习和研究需求。

在 EIP+CDIO+OBE 整合模式下，网络资源的利用对于实现教学目标和能力培养至关重要。教师需要根据教学目标和学生的需求，选择合适的技术资源，并设计相应的教学活动。同时，技术资源的更新和维护也是确保教育质量的重要因素，学校和教师应关注技术发展趋势，不断优化技术资源配置。

4. 社会资源

教师可以与企业、行业组织和专业协会等合作，为学生提供实地考察、讲座和研讨会等活动。这些社会资源可以拓宽学生的视野，增强他们的职业素养和社会责任感。

（1）人力资源

人力资源是指社会中的劳动力和才能。这包括人们的技能、知识、经验和创造力。在教育领域，人力资源可以包括教师、讲师、辅导员和其他教育工作者。

（2）物力资源

物力资源是指社会中的物质财富和资产。这包括建筑物、设施、设备和其他物力资源。在教育领域，物力资源可以包括学校建筑、教室、实验室和其他教学设施。

（3）财力资源

财力资源是指社会中可用于投资和支出的资金。这包括公共预算、私人投资和其他财务支持。在教育领域，财力资源可以用于改善教育设施、提高教学质量和扩大教育机会。

（4）信息资源

信息资源是指社会中可供获取和利用的数据和知识。这包括书籍、文章、研究报告和其他学术资料。在教育领域，信息资源可以帮助学生和教师获取最新的学术成果和研究动态。

（5）关系资源

关系资源是指社会中的人际网络和联系。这包括家庭、朋友、同事和专业组织等。在教育领域，关系资源可以促进学生和教师之间的合作与交流，提供实习和就业机会等。

在 EIP+CDIO+OBE 整合模式下，社会资源的利用对于实现教学目标和能力培养至关重要。教师需要根据教学目标和学生的需求，选择合适的社会资源，并设计相应的教学活动。同时，与社会资源相关的合作与交流也有助于学校与社会的联系与合作，促进教育的可持续发展。

综上所述，教学内容与资源开发在 EIP+CDIO+OBE 整合模式下的教学过程中起着至关重要的作用。通过合理选择和开发教学内容和资源，教师可以更好地支持学生的学习和发展，提高教学质量和效果。

3.4 教学方法与手段创新

教学方法与手段创新是教育领域中不断探索和实践的重要方向。随着教育理念的变化和技术的进步，创新教学方法和手段可以帮助提高教学质量、增强学生的学习体验，并满足不同学生的学习需求。以下是一些常见的教学方法与手段创新的例子：

3.4.1 混合式学习

混合式学习是将传统课堂教学与在线学习相结合的教学模式。它允许学生在课堂内外进行学习，提供了更大的灵活性和个性化的学习体验。教师可以通过在线平台提供课程材料、视频讲座和互动活动，同时在课堂上进行讨论、实验和小组合作。

混合式学习是一种教育模式，将传统的面对面教学与在线学习相结合。以下是对混合式学习的详细解释：

1. 教学方式的融合

混合式学习结合了传统的教室授课和在线学习。学生可以在课堂上与教师进行面对面的交流，同时也可以在家中通过在线平台进行自主学习。

2. 时间与地点的灵活性

混合式学习提供了时间和地点的灵活性。学生可以根据自己的日程安排选择何时何地进行学习，这对于那些需要兼顾工作、家庭和其他责任的学习者来说尤为重要。

3. 个性化的学习路径

混合式学习允许学生根据自己的学习速度和需求来制定个性化的学习路径。他们可以选择自己感兴趣的课程内容，深入学习某个主题或跳过已经掌握的内容。

4. 互动与协作

混合式学习鼓励学生之间的互动与协作。学生可以通过在线讨论、小组作业和项目合作等方式与同伴进行交流和合作，共同解决问题和完成任务。

5. 技术的整合

混合式学习利用了各种技术工具和平台，如在线学习管理系统、视频会议软件和移动应用程序等。

在 EIP+CDIO+OBE 整合模式下，混合式学习可以作为一种有效的教学策略。教师可以根据教学目标和学生的需求，设计合适的混合式学习活动和资源。这有助于提高教学质量和学生的学习成果，同时也满足了不同学生的学习需求和偏好。

3.4.2 翻转课堂

翻转课堂是一种将课堂教学与自主学习相结合的教学模式。学生在课前通过观看视频、阅读材料或完成练习来预习课程内容，然后在课堂上进行深入讨论、解决问题和实践操作。这种模式鼓励学生主动学习，提高了课堂效率和学生的参与度。

翻转课堂是一种新型的教学模式，它颠覆了传统的课堂教学模式。在翻转课堂模式下，学生在课堂外的时间通过在线学习平台完成课程内容的自主学习，而在课堂内则通过互动、讨论和实践活动等方式加深对知识的理解和掌握。

翻转课堂的主要特点和优势如下：

1. 改变课堂角色

翻转课堂改变了教师和学生在课堂中的角色。教师从传统的知识传授者转变为学生学习的引导者和辅导者，而学生则从被动接受知识转变为主动探索和学习。

2. 提高课堂效率

通过将课程内容的传授转移到课堂外，翻转课堂释放了课堂时间，使其能够用于更深入的讨论、实践和个性化辅导。这有助于提高课堂效率，加强学生的参与度和学习效果。

3. 促进主动学习

翻转课堂鼓励学生在课堂外主动学习，培养他们的自主学习能力和解决问题的能力。学生需要对自己的学习负责，并在课堂上积极参与讨论和活动。

4. 强化师生互动

翻转课堂为教师和学生提供了更多的互动机会。教师可以针对学生的个性化需求提供辅导和支持，同时也可以通过观察学生在课堂上的表现来评估他们的学习进度和理解程度。

5. 利用技术手段

翻转课堂通常依赖于在线学习平台和技术工具，如视频讲座、在线测试和互动讨论等。这些技术手段可以帮助教师更好地组织和管理教学活动，同时也为学生提供了丰富的学习资源和交流平台。

在 EIP+CDIO+OBE 整合模式下，翻转课堂可以作为一种有效的教学策略。教师可以根据教学目标和学生的需求，设计合适的翻转课堂活动和资源。

3.4.3 项目式学习

项目式学习是一种以学生为中心的教学模式，它要求学生在真实或模拟的环境中完成具有挑战性的项目任务。这些项目通常涉及多个学科领域，需要学生运用所学知识和技能解决问题、做出决策并展示成果。

项目式学习有以下几个关键特点：

项目式学习强调学生的主动参与和自我探索，教师扮演的是引导者和协助者的角色。学生的学习活动通常是围绕一个核心问题展开的，这个问题可能是实际生活中的问题，也可能是学科知识中的一个问题。

项目式学习往往不局限于单一学科，而是鼓励学生综合运用多学科的知识和技能。学生需要通过实际操作来解决问题，这包括研究、设计、实验等多种实践活动。项目完成后，学生通常需要进行成果展示，这不仅是对他们工作的总结，也是对他们学习过程的反思。项目式学习鼓励团队合作，通过小组合作完成任务，培养学生的协作能力和领导力。项目式学习强调基于真实情境的学习，使学生能够将所学知识与现实世界联系起来。在整个项目过程中，教师和同学会提供持续的反馈，帮助学生不断改进和完善他们的工作。项目式学习的评价方式多样，不仅包括最终的产品或成果，还包括过程评价、自我评价和同伴评价等。项目式学习培养的是终身学习的能力，让学生学会如何学习，而不仅仅是学习特定的知识内容。

总之，项目式学习的优势在于它能够激发学生的主动性和创造性，同时培养他们的批判性思维、解决问题的能力和团队合作精神。这种学习方法也有助于学生更好地理解和应用所学的知识，为他们未来的学习和工作打下坚实的基础。

3.4.4 游戏化学习

游戏化学习是将游戏元素和机制应用于教育过程中的一种创新方法。它通过设计有趣的游戏任务、奖励系统和竞争机制，激发学生的学习兴趣和动力。游戏化学习可以帮助学生在轻松愉快的氛围中掌握知识和技能。

游戏化学习有几个关键要素：为学习活动赋予更深层次的目标和意义，让学生感受到自己的学习对个人或社会有重要价值。通过设置可达成的目标和里程碑，让学生在学习过程中感受到进步和成就，从而增强动力。鼓励学生发挥创造力，同时提供及时反馈，帮助他们了解自己的表现并指导他们如何改进。让学生在学习过程中有更多的选择权和控制感，增强他们对学习内容的投入和责任感。通过团队合作和社交互动，增强学习的社交性，让学生在交流和合作中学习。此外，游戏化学习有多种形式，包括游戏活动、拓展训练、沙盘模拟等，每种形式都有其独特的实施成本、趣味程度和教育价值。例如，Scratch 和编程猫是编程学习领域的游戏化工具，而英语流利说和多邻国则是语言学习的游戏化平台。

总的来说，游戏化学习是一种将游戏的元素和机制融入教学设计中的教育方法，它能够提升学习的趣味性和效果，帮助学生更好地掌握知识和技能。

3.4.5　移动学习

移动学习是指利用移动设备和无线技术进行学习的模式。它允许学生随时随地访问学习资源，满足了现代学生对灵活学习和即时信息的需求。移动学习可以采用应用程序、短信提醒、在线测试等形式，为学生提供个性化的学习体验。移动学习是一种借助移动设备实现的，可以随时随地发生的学习方式。它结合了移动计算技术和数字化学习，允许学习者在任何时间、任何地点使用任何设备和资源进行学习。移动学习有下面一些关键特点：

1. 移动性

移动学习的核心优势在于其移动性，学习者可以在不同场合进行学习，不受时间和空间的限制。

2. 数字化

移动学习内容通常是数字化的，这使得学习资源可以轻松共享和更新。

3. 互动性

通过移动设备，学习者可以与教师或其他学习者进行双向交流，增强学习的互动性。

4. 高效性

移动学习通常设计得更加精简和高效，使学习者能够快速吸收知识点。

5. 个性化

移动学习可以根据学习者的需求和进度提供个性化的学习体验。

6. 技术集成

移动学习往往集成了多种技术，如云计算、人工智能等，以提供更丰富的学习体验。

7. 即时反馈

移动学习平台可以提供即时反馈，帮助学习者及时了解自己的学习进度和问题所在。

8. 多样化应用

移动学习的应用非常广泛，从语言学习到编程教育，再到健康培训等，涵盖了各个领域。

随着技术的发展，移动学习正在变得越来越普及，它为传统的教育模式带来了创新，使得学习更加灵活和便捷。

3.4.6 虚拟现实和增强现实

虚拟现实（VR）和增强现实（AR）技术为教育提供了新的交互方式和体验。通过使用特殊的头戴设备或智能手机应用，学生可以沉浸在虚拟环境中进行探索和学习，或者在现实世界中添加虚拟信息以增强理解。

虚拟现实和增强现实是两种不同的技术，它们都属于扩展现实的范畴，但提供的体验和使用场景有所不同。

虚拟现实是一种通过计算机生成的三维环境，为用户提供视觉、听觉等感官模拟的体验。在 VR 中，用户被完全沉浸在一个由计算机创造的虚拟世界里，无法看到现实世界。而增强现实则是在现实世界的基础上叠加虚拟信息，通过特定的设备如 AR 眼镜，让用户在看到现实世界的同时，也能看到计算机生成的图像或数据。AR 技术的特点是“超越现实”，因为它增强了用户对现实世界的感知。

此外，这两种技术虽然相似，但它们的应用场景和目的有所区别。VR 通常用于游戏、模拟训练、教育等领域，它能够提供一种全新的沉浸式体验。而 AR 则更多地应用于导航、维修、医疗等领域，它能够在不脱离现实环境的情况下，为用户提供辅助信息。

总的来说，虚拟现实和增强现实都是现代科技发展的重要成果，它们各自有着独特的优势和适用领域。随着技术的不断进步，这两种技术都将在未来的教育、娱乐、工作等多个方面发挥更加重要的作用。

综上所述，教学方法与手段创新是教育领域中不断发展的趋势。通过采用新的教学模式和技术手段，教育者可以提高教学质量、满足学生的学习需求，并培养学生的创新思维和实际操作能力。

3.5 评价机制与持续改进

评价机制和持续改进是教育质量保证体系的关键组成部分，它们对于提高教学效果、满足学生需求以及推动教育创新具有至关重要的作用。

3.5.1 评价机制

评价机制是指用于评估教育活动有效性的一套方法和流程。这包括对学生学习成果的评价、对教师教学表现的评价、对课程内容和教学方法的评价等。评价机制应该是全面的、多元化的，能够反映学生的学习进度、能力和发展潜力。同时，评价结果应该被用于指导教学决策和改进措施，以提升教育质量。

1. 评价目标的设定

评价机制要与 EIP+CDIO+OBE 教学模式的培养目标相一致，确保学生在实践能力、理论知识和综合素质方面都能得到全面的评价。评价机制应注重对学生实践能力的评价，包括实验技能、项目实施能力以及解决实际问题的能力。

2. 评价内容的多元化

评价内容应涵盖理论知识和实践技能，确保学生在理论学习的同时，能够将理论知识应用于实践中。评价机制应考虑学生的综合素质，包括团队协作、沟通能力、职业道德等方面。

3. 评价方法的多样性

形成性评价与总结性评价相结合。形成性评价关注学习过程中的持续进步，总结性评价则关注学习成果，两者相结合能够更全面地反映学生的学习状况。自评、互评与教师评价的结合。自评和互评能够培养学生的自我反思能力和批判性思维，教师评价则能从专业角度对学生进行客观评价。

4. 评价标准的明确化

制定详细的评价标准。评价机制应制定明确的评价标准，确保评价的公正性和透明性，考虑个性化差异。评价标准应考虑到不同学生的个性化差异，避免一刀切的评价标准。

5. 反馈机制的建立

及时反馈，评价后应及时向学生提供反馈，帮助他们了解自己的优点和不足，促进学习的改进和提高。持续改进，评价机制应具有动态调整的能力，根据学生的反馈和社会需求的变化进行持续改进。

总之，基于 EIP+CDIO+OBE 的混合式教学模式的评价机制，旨在通过多元化的评价内容和方法，明确的评价标准，以及有效的反馈机制，全面评价和促进学生在实践能力、理论知识和综合素质方面的发展。这种评价机制不仅能够促进学生的全面发展，也能够为教育改革提供有益的实践经验和理论支持。

3.5.2 持续改进

持续改进是指基于评价结果对教育活动进行调整和优化的过程。它要求教育者不断反思和审视自己的教学实践，识别问题和挑战，并采取有效的措施来解决这些问题。持续改进的目标是提高教学质量、促进学生的学习成果最大化以及适应教育环境的变化。

定期收集学生、教师和其他利益相关者的反馈，对教学模式进行评估和调整。提供持续的教师培训，帮助教师掌握新的教学方法和技术，提高他们的教学效果。利用现代教育技术，如在线学习平台、虚拟现实等，丰富教学手段，提高学生的学习体验。根据社会发展和技术进步，定期更新课程内容，确保教学内容的时效性和实用性。提供足够的学生支持，如学习辅导、心理咨询等，帮助学生克服学习困难，提高学习效果。

3.5.3 EIP+CDIO+OBE 整合模式下评价机制和持续改进的实施步骤

在 EIP+CDIO+OBE 整合模式下，评价机制和持续改进的实施步骤是一个循环往复、持续提升的过程。具体分析如下：

1. 评价机制的建立

根据 EIP+CDIO+OBE 模式设定评价标准。评价机制需要综合考虑 EIP、CDIO 以及 OBE 的要求来设置。例如，通过为学生提供一系列基于项目的学习经历，将工程专业所需的技术技能与道德诚信结合起来，制定相应的评估指标。开展形成性和总结性评价，形成性评价关注学习过程中即时反馈，以便学生和教师能及时调整学习策略；总结性评价则在学习过程结束后进行，以评定学习成效和成果的实现程度。利益相关者的参与，评价活动应包括学生、教师、行业代表和项目雇主的参与，确保评价结果全面、客观。

2. 设计评价指标

根据整合模式的教学目标和能力培养要求，设计全面的评价指标体系。这些指标应该涵盖学生的知识掌握、技能运用、团队合作、创新思维等方面，以全面评估学生的学习成果。

3. 收集数据

通过考试、作业、问卷调查、观察等方式收集学生的表现数据。同时，也可以收集教师、行业专家和学生的反馈意见，以获取更全面的评价信息。

4. 分析数据

对收集到的数据进行分析，识别学生的学习强项和弱点，以及教学中存在的问题和挑战。数据分析应该采用科学的方法，确保结果的准确性和可靠性。

5. 制计改进计划

基于数据分析的结果，制定针对性的改进计划。这可能包括调整教学内容、更新教学方法、增加实践环节、提供个性化辅导等。

6. 实施改进措施

将改进计划付诸实践，并持续关注其效果。这可能需要教育者与学生、家长和行业专家进行合作，共同推动教学改革。

7. 循环评价与改进

持续改进是一个循环的过程。教育者需要不断地进行评价、分析、制订计划和实施改进，以确保教育活动的质量和效果不断提升。

此外，在这一过程中，以下因素值得被特别重视：

维持持续改进的动力，需确立一种鼓励创新和承认不足的校园文化。评价和改进的过程应透明，让所有利益相关者了解改变的必要性和实施的计划。采用科技手段支持教学和评价活动的高效进行，如利用学习管理系统收集反馈和评估数据。加强师资队伍的建设，特别是在教育理念、方法和技能培训方面，确保教师能够适应教学模式的变革。考虑到学生多样性，评价机制和持续改进措施应尊重每个学生的独特性，为他们提供个性化的支持。

综上所述，EIP+CDIO+OBE 整合模式下的评价机制和持续改进的实施步骤需要紧密结合，以确保教育质量的持续提升和人才培养目标的实现。通过建立科学合理的评价体系，定期进行自我检查和反馈，并在实践中不断调整和完善，可以有效促进教育模式的成熟和发展。

第四章

“JavaEE 程序设计”课程的线上线下混合式教学实施策略

在“JavaEE 程序设计”课程的线上线下混合式教学实施策略中，可以采取多种措施来确保教学效果的提升。充分发挥线上教学的灵活性和线下教学的互动性，形成有效的教学互补。

4.1 线上教学平台与工具选择

线上教学平台与工具的选择取决于具体需求，如教学目标、预算、技术熟练度和所期望的功能。常见的线上教学平台与工具如下：

1. 腾讯课堂、网易云朵课堂和荔枝微课

（1）腾讯课堂

① 平台背景。

腾讯课堂是腾讯推出的专业在线教育平台，拥有强大的技术和资源支持，在在线教育领域具有较高的知名度和影响力。

② 课程特点：

课程种类丰富：涵盖职业培训、公务员考试、托福雅思、考证考级、英语口语、中小学教育等众多领域，能够满足不同用户群体的学习需求。无论是想提升职业技能的上班族，还是准备考试的学生，都能在腾讯课堂找到适合自己的课程。

质量有保障：平台对入驻的教育机构和老师有一定的审核标准，同时还推出了“学员无忧计划”“严选计划”“优课计划”等，保障课程质量和学员的学习效果。此外，腾讯课堂还会根据机构和教师的评分情况进行排名，对优秀的机构进行奖励，激励教育机构提供优质的课程。

③ 教学模式与工具。

教学模式多样：支持直播课和录播课等多种教学模式，学员可以根据自己的时间和学习进度选择适合自己的课程。直播课具有实时互动性，学员可以在课堂上与老师和其他同学进行交流和讨论；录播课则方便学员随时随地进行学习，不受时间和地点的限制。

教学工具丰富：老师可以使用摄像头、PPT 播放、音视频播放、屏幕分享等授课模式，还拥有画板、签到、答题卡、举手连麦、画中画等互动教学工具，能够提高教学的效果和质量。

④ 用户群体与影响力。

腾讯课堂的用户群体广泛，包括学生、上班族、自由职业者等。由于腾讯的品牌影响力和平台的优质服务，腾讯课堂在在线教育市场上具有较高的用户认可度和口碑。

（2）网易云课堂

① 平台背景。

网易云课堂是网易旗下专注于成人终身学习的在线教育平台，依托网易的品牌优势和技术实力，为用户提供高质量的在线学习服务。

② 课程特点：

课程体系专业：针对成人职业发展和自我提升的需要，围绕职场技能、考试考证、英语能力、兴趣副业等方面，提供网易有道自主研发的精品课程以及来自业内优秀教育培训机构 / 讲师的严选课程。课程内容注重系统性和实用性，能够帮助学员快速提升自己的技能和知识水平。

个性化学习体验：结合测评、练习、互动等环节，提升学习效果，实现学有所长、学以致用。学员可以根据自己的学习情况进行个性化的学习规划，平台也会根据学员的学习数据提供针对性的学习建议。

③ 教学模式与工具。

教学模式灵活：以录播课为主，部分课程也会提供直播教学。录播课的优势在于学员可以自主安排学习时间，反复观看学习内容，加深对知识点的理解。同时，直播教学也能够满足学员与老师实时互动的需求。

学习工具便捷：平台提供了在线笔记、课程收藏、学习进度跟踪等功能，方便学员管理自己的学习过程。学员可以随时记录学习笔记，收藏自己感兴趣的课程，查看自己的学习进度和学习成果。

④ 用户群体与影响力。

网易云课堂的用户主要是有自我提升需求的成年人，他们希望通过在线学习提高自己的职业竞争力或满足个人兴趣爱好。网易云课堂在成人在线教育领域具有较高的知名度和良好的口碑，深受用户的信赖和喜爱。

（3）荔枝微课

① 平台背景。

荔枝微课是国内头部的知识付费平台，以其零门槛开课、全渠道经营、场景覆盖广泛和多样化的授课方式受到众多知识分享者和学习者的青睐。

② 课程特点。

课程内容广泛：课程内容涵盖了各个领域，包括但不限于职场技能、创业指导、情感心理、健康养生、亲子教育等。无论是专业知识还是生活技能，学员都可以在荔枝微课上找到相关的课程。

知识分享便捷：平台支持用户自主开课，只要有知识和经验，任何人都可以在荔枝微课上分享自己的课程。这种零门槛的开课方式吸引了大量的知识分享者，也为学员提供了更加丰富多样的学习内容。

③ 教学模式与工具。

授课方式多样：支持语音直播、视频直播、录播等多种授课方式，学员可以根据自己的喜好选择适合自己的学习方式。同时，荔枝微课还打通了多个渠道，如抖音，方便用户通过短视频或直播的形式进行课程售卖，提高课程的曝光度和销量。

互动性强：学员可以在课程中通过留言、提问等方式与老师进行互动，老师也可以及时回复学员的问题，解答学员的疑惑。这种互动性强的学习方式能够提高学员的学习积极性和参与度。

④ 用户群体与影响力。

荔枝微课的用户群体广泛，包括知识分享者和学习爱好者。平台的零门槛开课和全渠道经营模式吸引了大量的用户，同时也为知识分享者提供了一个良好的平台，促进了知识的传播和分享。

2. Agora Flat 在线教室

适合个人教师使用，它提供了流畅的板书体验、课中互动以及录制回放功能，非常适合在线授课的核心需求。

3. 钉钉和腾讯会议

钉钉提供班级管理和直播回放等功能；而腾讯会议则以专业的视频会议功能著称。但需要注意的是，钉钉有直播延时，而腾讯会议不支持直播回放。

4. 小鹅通和美阅教育

它们提供了线上课程的营销、付费、学习和互动等一体化服务，但通常需要支付费用。

5. Microsoft Whiteboard

对于需要在授课过程中进行大量绘制的理工科老师来说，微软白板提供了一个优秀的线上画布，支持实时构思、创造和协作，特别适合远程教学时辅助讲解分析。

6. 其他考虑因素

在选择线上教学平台和工具时，还需考虑对教育资源的支持、应对突发事件的能力、服务供给方式变革等因素，以确保能够全面提高教育质量，并促进教育公平。

总的来说，选择线上教学平台和工具时，需要根据教学风格、学生的需求和技术条件综合考虑。

4.2 线下教学活动设计与实施

线下教学活动设计与实施是一个涉及多个步骤的过程，旨在创建一个有效的学习环境，促进学生的参与和学习。以下是设计和实施线下教学活动的一般步骤：

4.2.1 确定教学目标

确保教学目标与课程大纲和学习成果相一致。

确定教学目标是任何教学活动设计的首步，它们为教学内容、活动安排和评估方法提供了指导。对于“JavaEE 程序设计”课程，教学目标应当具体、明确且可实现。以下是几个示例目标：

1. 理解基础概念

学生能够描述 JavaEE 的基本原理和关键概念，如 Servlets、JSP、EJB、JDBC 等。

2. 掌握开发环境

学生能够熟练配置和使用 JavaEE 开发环境，包括 IDE（如 IntelliJ IDEA 或 Eclipse）、应用服务器（如 Tomcat 或 WildFly）和数据库系统（如 MySQL）。

3. 编程技能

学生具备使用 Java 语言编写健壮、可维护代码的能力，并能够实现基本的 JavaEE 功能，如数据的创建、读取、更新和删除操作。

4. 设计模式与最佳实践

学生认识并能够应用常见的设计模式和最佳实践来提升应用程序的质量，如

MVC（模型 - 视图 - 控制器）架构模式。

5. 企业级应用开发

学生了解如何构建可扩展、高效、安全的企业级应用，并能够实现用户认证、数据加密等安全机制。

6. 数据库交互

学生能够实现 JavaEE 应用程序与数据库的有效交互，并理解事务管理和数据完整性的概念。

7. 前端集成

学生掌握将 JavaEE 与前端技术（如 HTML、CSS、JavaScript、Ajax 等）集成的基本方法，以创建动态、交互式的 Web 界面。

8. 测试与调试

学生能够使用单元测试、集成测试等方法来验证和调试 JavaEE 应用程序。

9. 性能优化

学生理解如何分析和优化 JavaEE 应用的性能，包括对服务器配置、资源管理和代码调优的了解。

10. 部署和维护

学生学会如何将 JavaEE 应用程序部署到云服务器或传统的 Web 服务器，并进行基本的维护操作。

11. 团队合作与沟通

学生能够在团队环境中有效合作，理解版本控制工具（如 Git）的使用，并具备良好的沟通与文档编写能力。

12. 项目实作

学生通过完成一个或多个小项目，将所学知识综合运用，实践从需求分析、设计、开发到部署的整个软件开发周期。

这些教学目标应当根据学生的先前知识、课程长度和深度等因素进行调整。明确的教学目标不仅有助于教师制订有效的教学计划，还能够帮助学生明确学习方向和期望成果。

4.2.2 了解学生背景

分析学生的知识水平、学习风格和兴趣。考虑学生的需求和特点，以便设计适合他们的活动。了解学生背景是教学活动设计与实施的重要环节，它有助于教师更好地满足学生的个性化学习需求，提高教学效果。以下是了解学生背景的一些关键步骤：

1. 学生知识水平评估

在课程开始前，进行入门测验，以评估学生对 Java 和 Web 开发基础知识的掌握程度。通过问卷或访谈了解学生对 JavaEE 概念和技术的熟悉情况。

2. 学习风格识别

通过问卷调查或小组讨论，了解学生偏好的学习方式（视觉、听觉、动手操作等）。观察学生在课堂上的互动和反应，判断他们的学习风格。

3. 技能与经验收集

收集学生的个人简历或背景信息，了解他们以往的项目经验和使用过的技术。询问学生对特定编程工具和开发环境的熟悉程度。

4. 动机与目标探讨

与学生讨论他们选择这门课程的原因，以及他们希望通过课程实现的个人目标。理解学生的职业规划，以便将教学内容与学生的长远目标相联系。

5. 文化与社会背景了解

了解学生的文化背景，包括语言能力、文化习俗，以便在教学中考虑到跨文化交流的需求。认识到学生的社会经济背景可能影响他们的学习资源和时间分配。

6. 个性与团队工作倾向分析

通过小组活动或游戏，观察学生的团队合作能力和领导潜质。了解每个学生的个性特点，如内向、外向、独立或合作倾向，以便合理分组。

7. 期望与反馈征集

邀请学生分享他们对课程内容、教学方法和评估方式的期望。定期收集学生对教学进度和活动的反馈，及时调整教学计划。

8. 技术背景更新

鉴于技术的快速发展，询问学生是否接触过最新的 JavaEE 技术趋势和工具。鼓励学生分享他们在课程之外的学习经历和资源。

了解这些信息后，教师可以根据学生的背景设计更加个性化和针对性的教学活动，从而提高教学效果和学生的学习满意度。

4.2.3 选择合适的教学方法和活动

根据教学目标和学生特点选择适当的教学方法，如讲授、讨论、小组合作、案例研究、角色扮演等。

设计活动时要考虑互动性和参与度，确保学生能够积极参与学习过程。

选择合适的教学方法和活动对于促进学生的学习非常重要。它需要基于学生的背景、课程目标以及可用资源等因素来决定。以下是一些适合“JavaEE 程序设计”课程的教学方法和活动：

1. 讲授法

快速传授基础知识和理论概念，特别适用于初学者或当需要强调某个特定主题时。

2. 实验室练习

提供实践机会，让学生在教师的指导下完成编程任务，加深对课堂所学知识的理解。

3. 项目驱动学习

通过团队项目工作，学生可以应用他们学到的技能来解决实际问题，同时培养团队合作和项目管理能力。

4. 案例研究

分析真实的软件开发案例，帮助学生理解 JavaEE 技术在现实世界中的应用，以及如何应对开发中的常见挑战。

5. 小组讨论与合作学习

鼓励学生分组讨论问题，共享知识，促进彼此间的学习。

6. 翻转课堂

要求学生在课前观看视频或阅读材料预习，课堂时间用于深入探讨、澄清疑惑和进行实践活动。

7. 角色扮演

学生扮演不同的角色（如开发者、测试人员、项目经理等），以理解不同角色的视角和责任。

8. 代码审查

学生互相审查代码，学习如何提出建设性的反馈，并改进自己的编码。

9. 白板编程

在全班面前逐步构建代码，促使学生参与思考过程，并在即时反馈中学习。

10. 在线论坛和 Q&A 会话

使用在线平台讨论课程内容相关问题，为学生提供及时答疑的机会。

11. 自我评估和同伴评价

定期进行自我评估和同伴评价，帮助学生了解自己的学习进度和改进空间。

12. 交互式模拟

使用交互式工具或模拟器来展示复杂的技术概念，如服务器配置、网络通信等。

13. 敏捷开发实践

教授敏捷开发的原则和实践，如 Scrum 会议模拟，让学生经历从计划到发布的完整迭代过程。

选择教学方法和活动时，应考虑学生的多样性、学科特点以及教学资源的可用性。有效的教学往往需要多种方法和活动的混合使用，以适应不同学习风格和需求。

4.2.4 准备教学材料和资源

准备必要的教学材料，如教科书、幻灯片、视频、实验器材等。确保所有技术设备（如投影仪、计算机、音响系统）都已准备就绪并且可以正常使用。

4.2.5 设计活动流程

制定详细的教学计划，包括活动的顺序、时间分配和转换。准备清晰的指示和指导，帮助学生理解活动的目的和要求。

4.2.6 实施教学活动

按照计划进行教学，确保活动顺利进行。观察学生的反应和参与情况，根据需要调整教学方法和节奏。

4.2.7 监控和评估

在活动进行中和结束后，收集学生的反馈和表现数据。评估活动的效果，确定是否达到了预定的教学目标。

4.2.8 反思和改进

根据评估结果和学生反馈进行反思，找出活动中的优点和不足。调整未来的教学活动设计，以提高教学质量和学生的学习体验。在整个过程中，教师应该保持灵活性，根据实际情况和学生的反馈进行调整。有效的沟通和组织能力是成功实施线下教学活动的关键。

4.3 互动与反馈机制构建

构建互动与反馈机制是提升教学质量和学生学习体验的重要环节。以下是针对线下教学活动可以采取的一些措施：

1. 课堂互动

教师可以通过启发性引导、问答式教学等方法激发学生的思维，促进师生之间的有效互动。此外，采用案例分析、角色扮演等互动性强的教学手段可以提高学生的参与度。

2. 技术融合

利用现代信息技术如人工智能、5G 等，助力线上线下教学的全过程。通过在线平台进行实时互动，记录学生表现，为教师提供及时反馈，并对学生进行个性化指导。

3. 评价体系

建立科学的评价体系，包括对学生的学习过程和结果进行综合评价。这可以通过线上测试、互评、自评等方式来实现，旨在给予学生更全面、多维度的反馈，帮助他们认识到自己的进步与不足。

4. 资源整合

推动国内外优质教育资源的整合，使学生能够接触到更加丰富和多元的知识内容。同时，这也有助于教师根据学生的实际需要调整教学内容和方法。

5. 家校联系

加强家校沟通，共同关注学生的学习进展。家长的参与和支持对于学生的学习动力和效果至关重要。可以通过家长会、电子通信等方式加强信息共享和合作。

6. 兴趣激发

为了应对学生可能出现的兴趣消减问题，教师应设计富有吸引力的教学内容和活动，以持续激发学生的学习兴趣和主动性。

7. 自主学习

鼓励学生在课余时间进行自主学习，通过线上平台为他们提供必要的资源和支持。教师可以通过线上工具监控学生的学习进度，并提供适时的辅导和反馈。

8. 综合素质评价

逐步展开基于数据记录的综合素质评价，不仅关注学业成绩，也重视学生的创造力、合作能力等非智力因素的发展。

综上所述，通过这些措施，可以有效地增强教学活动的互动性和反馈机制，从而提升教育质量和学生的学习体验。

4.4 学生自主学习引导与支持

学生自主学习的引导与支持是教育过程中至关重要的一环。教师要有效引导学生进行自主学习，并提供必要的支持：

1. 目标设定

教导学生如何设定智能（具体、可测量、可达成、相关、时限性）目标，以助于学生明确学习方向和动机。

2. 计划制定

指导学生制定个人学习计划，包括短期和长期的学习目标，以及实现这些目标的步骤和时间表。

3. 学习资源提供

向学生推荐高质量的学习资源，如教科书、在线课程、学术论文、图书馆资料等。利用学校资源建立一个资源库，方便学生随时访问。

4. 学习策略培养

教授有效的学习方法和技巧，如笔记技巧、记忆法、批判性思维技能、时间管理等。举办研讨会或工作坊，让学生了解并练习这些技巧。

5. 自我监控和反思

鼓励学生定期检查自己的学习进度，并进行自我反思，以评估所采用的学习策略的有效性。引导学生通过日志、概念图或学习日记等方式记录自己的学习过程。

6. 提问与探究

培养学生的好奇心和探究精神，鼓励提出问题并主动寻找答案。组织小组讨论会，促进学生之间的知识分享和问题解决。

7. 技术工具运用

教授学生使用各种数字工具和平台，如学习管理系统、在线协作工具等，来支持自主学习。

8. 导师制和辅导

实施导师制，为学生指定教师或学长作为他们的个人导师，提供学术咨询和心理支持。安排定期辅导时间，供学生就学习难题寻求帮助。

9. 评估与反馈

提供及时、建设性的反馈，帮助学生了解自己的学习进展和需要改进的地方。

通过自我评估、同伴评价等方式让学生参与评估过程，增加自主性和责任感。

10. 激励机制

设计激励措施，诸如奖励制度、认可学生的自主学习成果，以增强持续学习的动力。通过这些方法的实施，教师可以有效地引导学生发展成为自主学习者，并在学习旅程中提供必要的支持。

4.5 案例分析与项目驱动教学

案例分析与项目驱动教学是两种深受学生和教师喜爱的教学模式，它们都强调实践和应用，能够将理论知识与现实世界紧密结合。这两种方法在“JavaEE 程序设计”课程中的应用如下：

4.5.1 案例分析教学

1. 真实案例引入

选择与企业合作开发的真实项目案例，或者业界广为流传的经典案例，让学生分析和讨论。

2. 问题导向

呈现案例时，强调其中的技术难点和业务问题，激发学生解决问题的兴趣。

3. 小组讨论

将学生分成小组，每个小组针对案例进行分析，并讨论可能的解决方案。

4. 专家点评

请来行业专家或教师对各组的分析和解决方案进行点评，提供专业的视角。

5. 知识链接

将案例中的问题与课程中学到的理论知识相链接，帮助学生理解理论的实际应用。

4.5.2 项目驱动教学

1. 项目规划

学期初向学生介绍整个学期的项目任务，明确项目的目标、要求和评估标准。

2. 分阶段实施

将项目分为多个阶段，如需求分析、设计、编码、测试和部署等，每个阶段都有特定的提交物和截止日期。

3. 角色分配

学生在小组内分配不同的角色，如项目经理、分析师、设计师、程序员等，以模拟真实的工作环境。

4. 迭代开发

鼓励学生采用敏捷开发等迭代模型，定期进行项目评估和调整。

5. 技术研讨

定期组织技术研讨会，由学生或教师引导，探讨项目中出现的技术问题和挑战。

6. 成果展示

项目结束时，组织学生进行成果展示，每个小组展示自己的项目，并接受评审。

7. 反馈改进

教师和同学们共同为每个项目提供反馈，帮助学生识别优点和不足，以便他们在未来的学习和工作中持续改进。

结合案例分析与项目驱动教学，不仅能够提高学生的实际操作能力，还能够培养他们的团队合作、沟通协调和问题解决能力。通过这些活动，学生能够更好地理解和应用 JavaEE 技术，为未来的职业生涯做好准备。

4.6 “JavaEE 程序设计”课程整体设计

4.6.1 课程目标

“JavaEE 程序设计”作为计算机科学与技术专业的专业核心课程、产教融合特色课程，能够使学生迅速投入计算机行业相关领域，进行开发和创造的应用型专业人才的综合开发课程。作为专业课，该课程综合性、实践性非常强。依据课程特点，遵循学生发展中心理念，借助现代网络和信息技术，采用“三四五五九步”实施教学，以达成课程目标。

通过线上线下混合式的教学，在学习本课程后，同学们能够利用 Java 框架开发具有一定规模、综合性的管理信息系统、企业网站等。

知识目标：学会 Java Web 的编程技术、JDBC 开发技术、轻量级框架开发技术等。

能力目标：能够利用 JavaEE 框架开发技术，开发管理信息系统、企业网站等。

素质目标：①培养学生爱国主义情怀，增强民族自信，培育和践行社会主义核心价值观；②培养学生的社会责任感、职业素养；③培养学生创新精神，激励创新思维；④加强学生法规意识。

4.6.2　课程与教学改革要解决的重点问题

在整个课程的建设与发展历程中，进行持续改进，要解决的重点问题有下述三点：

问题 1：“JavaEE 程序设计”课程采用传统教学模式存在很多问题，如课程内容中概念、特性和机制比较抽象，学生不易理解和掌握，导致学生对相关内容学习兴趣不高；通过现代信息技术与教育教学深度融合，利用学习通平台，将教学的课前、课中、课后有机、有效地组织起来，实现过程化与个性化相结合的学习成果评价。

问题 2：课程对工程实践能力要求较高、学生的编程能力参差不齐，导致课程教学效果不理想；通过案例引入重要知识点，利用对案例引申问题进行讨论、探究的方式培养学生创新和批判思维。

问题 3：如何根据学校特色结合专业培养目标，提升课程学习的广度和深度的问题。通过过程化考核、丰富的习题库和项目化的课程设计，加强促学、督学、课后互动交流、答疑等工作的方式，保持学生的学习积极性和自信心。

4.6.3　课程内容与资源建设及应用情况

1. 课程内容建设及应用情况

① 根据立德树人根本要求，挖掘课程思政元素，实施三全育人。

② 根据 JavaEE 技术发展，不断更新教学内容，拓展知识视野。

③ 根据产业发展需求，产教融合，不断更新教学项目案例，提高工程实践能力。

2. 课程资源建设及应用

平台资源：学习通（超星尔雅），课程网站访问量 3 年 155 万次；整个课程的微课视频（拥有 79 个视频，分钟数达 441 分钟）；习题库（拥有各种类型习题 818 道）；试卷库（可以利用省级一流课程“JavaEE 程序设计”已有题库中 818 道题随机组卷和手动出题组卷）；项目库（省级一流课程“JavaEE 程序设计”拥有丰富的项目库），能够进行线上课程教学。

4.6.4　课程教学内容及组织实施情况

课程主要介绍 JavaEE 的技术标准，以及应用 JavaEE 软件开发体系结构，进行企业级应用开发。主要内容包括 JavaEE 开发环境配置、JDBC 开发、Web 开发、轻量级框架开发等。

“JavaEE 程序设计”课程采用“以学生为中心”的混合式教学模式设计。线上预习设问、线下课堂探讨。学生在课前通过线上的资源进行自主学习，完成预习，把握教学内容中的重点、难点，找出自己的疑问；课中通过与教师面对面的交流，和同学们探讨，可以做到有针对性地学习，课后继续通过线上线下的方式进行学习效果的评价与答疑等活动以及完成项目的具体内容。构建“三四五五九步法”SPOC 混合式教学模式、教学效果敏捷反馈完善体系。

1. “三四五五九步法”

三段：线上预习设问、线下课堂探讨、线上线下课后训练。

四环：自主学习，精讲答疑，协作探究，项目训练。

五化：课程思政全程化，理论教学案例化，实践教学项目化，水平测试随堂化，教学资源平台化。

五真：真实的工作环境、真实的实训项目、真实的项目经理、真实的工作压力和真实的就业机会。

九步：导入教学内容、明确教学目标、前测知识储备、互动深度学习、后测学习成果、反思拓展学习、项目驱动实践、连线企业实训、EIP 道德诚信。

2. 教学效果实时反馈改进体系

① 视频观看，即时呈现学习状态。

② 课前测试，自动发现学习问题。

③ 随堂测试，当天反馈学习效果。

④ 课内研讨，立即精讲重点问题。

⑤ 课后练习，可视展现成绩分布。

⑥ 平台互动，在线解决个性问题。

3. 线上预习设问

教师需要准备单元导学任务单、教学微视频、教学 PPT、课前预习思考题、预习自测题及讨论问题等，教师在上课前一周将资源发布在“学习通”网络教学平台，供学生课前学习使用。

在线上预习设问阶段，学生要认真阅读单元导学任务单。课程以思维导图的方式设计单元导学任务单，引导学生按照任务单中的各环节完成课前自主学习。单元导学任务单中阐明教学目标与重点难点内容，明确学生应该掌握的知识点和学习内容，告知学习进度和安排，提供学习方法和建议，指出学习步骤与学习流程。思维导图如图 4-1 所示。

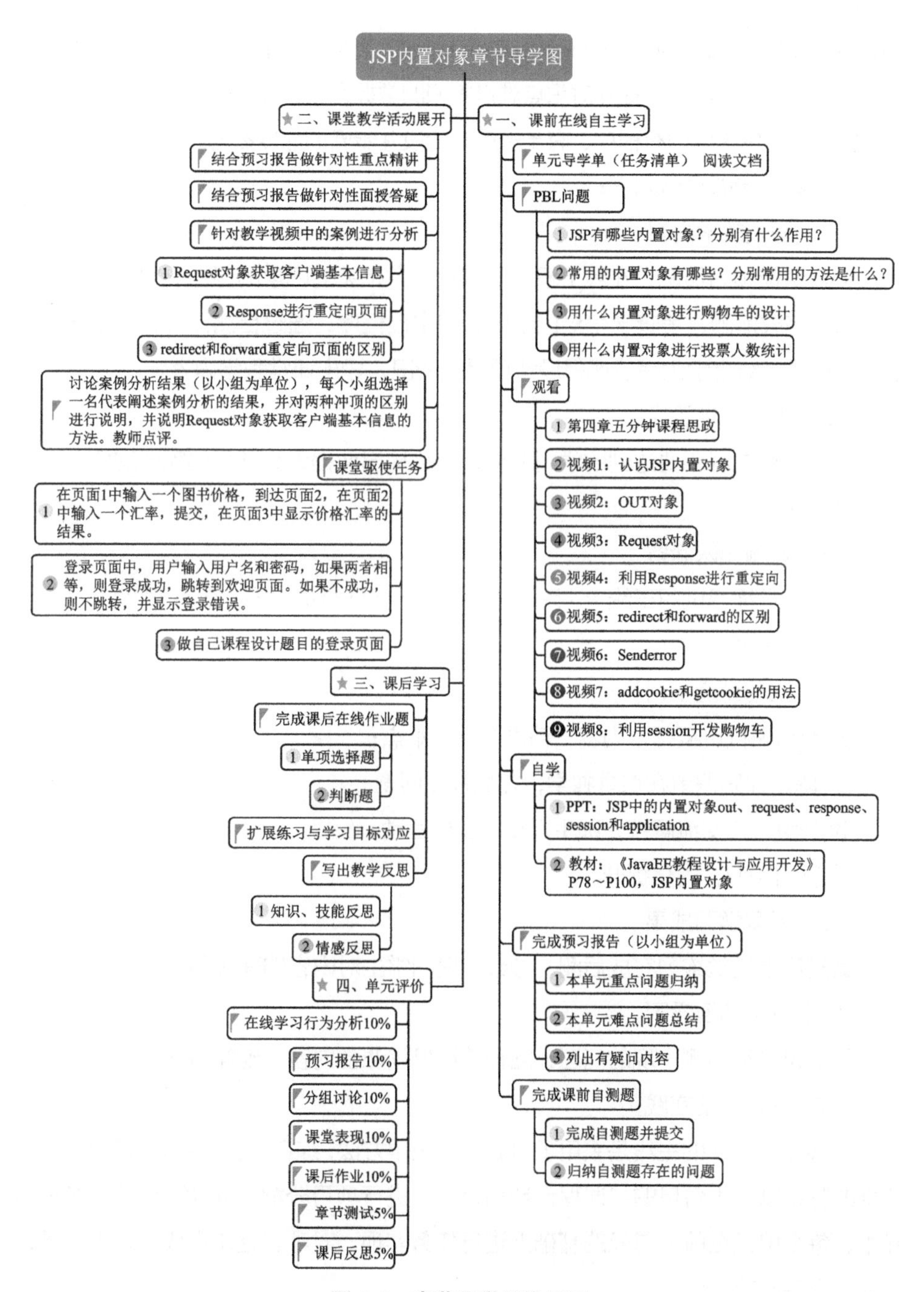

图 4-1　章节导学思维导图

4. 线下课堂探讨

线下课堂探讨环节：理论课堂采用 BOPPPS（bridge-in, objective, pre-assessment, participatory learning, post-assessment, and summary）教学法线下方式进行，在课前预习的基础上进行答疑解惑，提升对重点难点知识的掌握程度，完成主要学习目标。开展教师主导、学生主体的有程序、有步骤的三阶段九步骤的深度参与式课堂学习。

三阶段九步骤具体如下：

（1）导入教学内容

结合课前预习情况，在线上设置与课堂内容相关的已学的课程的内容的线上随堂练习，完成前测，考查学生对已学内容的掌握程度，通过自测评价，引出课堂教学内容；或者结合学生完成课程设计项目的情况，导出课堂教学内容。

（2）明确教学目标

明确课程内容和要达到的学习要求，并且提出课程设计项目要完成的任务，划出重点、难点。

（3）前测知识储备

发布随堂练习试题于线上，限定做题时间，保证全员参与，全面了解学生基础，引导讲授有的放矢。

（4）互动深度学习

① 教师先行讲授基本内容，精讲重点、难点；

② 陈述性知识留在课堂独学，之后预设问题；

③ 分组讨论交流解惑，师生互动，生生互动；

④ 巩固知识，内化提升。

（5）后测学习成果

通过线上随堂练习完成后测，考察、巩固学生对内容的理解和掌握。

（6）反思拓展学习

针对讨论和后测出现的问题，回顾总结巩固课堂内容，延伸后继内容。

（7）项目驱动实践

实践课堂教学的主线是采用项目驱动式教学方法，综合本次课堂教学的知识点，课堂的驱动以学生各自的“课程设计项目”，进行项目分解，穿插到课程的各个单元中，每个单元在前一单元的基础上进行任务实现，对项目逐步迭代、升级，最终形成一个完整的项目。

（8）连线企业实训

在每学期有两周的实践周，请企业一线教师进行项目实训，实训基地采用“5R”

（五真：真实的工作环境、真实的实训项目、真实的项目经理、真实的工作压力和真实的就业机会）实践体系，实施 CDIO 工程实践教学的“真”模式，提升学生工程实践经验。并对学生平时开发过程中的一些疑惑进行辅导。

（9）EIP 道德诚信

职业素质培养贯穿课程始终，具有思政育人功能的实践教学，“JavaEE 程序设计”实践教学合理运用课程思政资源，实现全员全程全方位育人。

① 以全国大学生互联网 + 创新创业大赛、蓝桥杯程序设计大赛等学科竞赛为平台，引导学生基于自身对社会热点或者校园场景的洞察，通过所学的知识和技能来解决社会和校园问题。

② 鼓励学生勇于实践、树立信心，将人文素养、工匠精神、工程伦理融入软件系统开发过程，以人为本，注重需求分析，突出实用性。

③ 将教师的科研成果应用于学生的创新创业项目，培养学生的科学精神和创新能力。

④ 举办“职业生涯规划大赛”，引导就业方向，提高职业素养；创设开放的第二课堂，吸收不同专业的学生共同参与，基于项目驱动开展系列活动，激发学生的创新性思维，敢于挑战常规，勇担新时代赋予青年学子的历史重任，为科技强国贡献出自己的一份力量。

近年来，组织和指导学生参加各项学科竞赛活动，获得国家级及省部级学科竞赛奖项 20 多项，荣获国家级和省部级一等奖 10 余项。结合我校计算机优势学科背景，指导学生开发“康复之心”等实用性较强的软件系统，解决实际问题，服务于社会。

5. 线上线下课后训练

在课后环节中，学生应认真完成课后的线上作业题目，实现对基本知识的有效掌握。对于课后的拓展练习并不要求所有同学完成，由于学生的学习能力有高有低，并且对于软件开发技术的兴趣和所要达到的目标需求不同，在设计课后的拓展练习时遵循以学生为中心的理念，根据学生的学习目标制订相应的拓展练习内容。对于课程各个单元的学习目标都设置为高、中、低 3 种，课后拓展练习设置按照学生学习目标的不同进行设置。具体实施过程如图 4-2 所示。

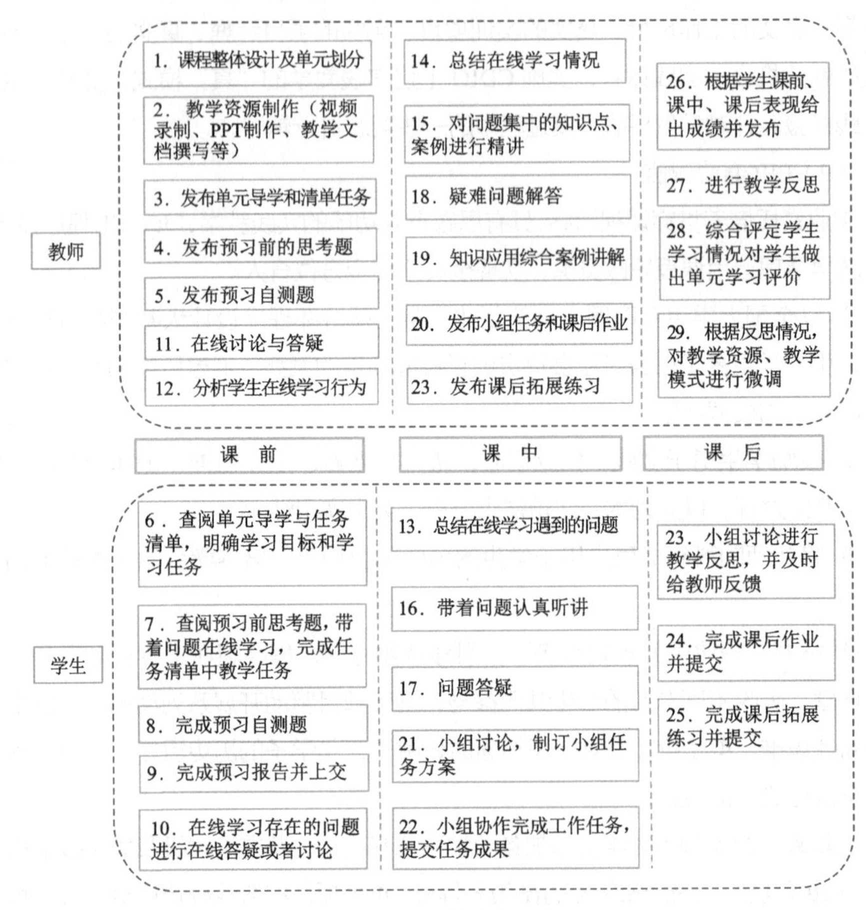

图 4-2 具体实施过程

4.6.5 课程成绩评定方式

本课程采用过程化的学习综合评价方式进行考核。总评成绩构成：平时成绩（在线上进行，由签到、章节测试、作业、课堂互动、章节视频、期中测试等环节，至少选择三个环节）×40%＋期末成绩（线下期末笔试考试）×60%。

课程评价及改革成效情况：

1. 课程评价

本课程的教学目标符合办学目标、专业培养方案和学生的特色。教学设计有较清晰的思路和措施，将线上课程和线下课堂有效地结合起来，通过实践证明是切实可行的。利用现代信息技术实现了教学过程可回溯，促学、督学积极有效。

2. 改革成效

① 坚持立德树人，强化课程思政教育，丰富课程思政教育内容，全面促进学生成长成才。

② 坚持 OBE 导向，更新教学内容。根据 JDK（Java development kit）技术发展、产业需求、学科前沿动态更新教学内容，拓展跨学科交叉领域科学知识。

③ 坚持持续改进，加强课程资源建设。一是增加综合性案例和企业实际项目案例，提升课程资源的高阶性；二是补充近年计算机技术与软件专业技术资格（水平）考试、知名 IT 企业面试中与 Java 相关的试题，提升课程挑战度。

④ 强化教书育人，推进课程教学团队建设。通过加强师德师风建设、教育教学能力培训、专业能力培训、教学竞赛、教育信息技术应用能力培训等，提升教师教学能力和教学研究水平。

3. 需要进一步解决的问题

线上线下混合式教学中个性化学习和学生自主管理的问题；地方院校开展线上线下混合式教学，如何实现全员互动和思维对话，提高课堂效率和质量的问题。

4. 改革方向与改进措施

将人工智能技术融入混合式教学全过程，向智慧教育和智能化教学发展演进；优化完善混合式教学科学评价机制，推动学生个性化学习和自主管理。

4.6.6 课程特色与创新

1. 课程特色

① 注重跟踪 Java 新版本新技术的发展，并将其反映在教学内容中。

② 注重学生理论基础和实践能力的培养。建设了具有 818 道习题的习题库，为学生课后自学、自测、阶段性小测以及期末考试提供了一个大型题库，拓展了课程内容的广度和深度。

③ 注重课堂教学内容的改革与创新。教学过程中，以教材例题和实验课题为基础，发散思维，提出问题，引导学生运用理论知识实现各种设计要求。

2. 教学改革创新点

① 构建了以学生为中心的“三四五五九步法”SPOC 混合式教学模式，实现了课程教学线上与线下结合、学习与研讨融合、知识与能力贯通。

② 基于 EIP+CDIO+OBE 的企业实训项目。

③ 构建了教学效果敏捷反馈完善体系，及时反馈学生学习状态和学习效果，实现了教学过程的动态监控，促进了教学质量和效果的持续改进。

第五章 实证研究与数据分析

实验设计是教学过程中用于增强学生实践能力和理解的重要环节，尤其在技术或科学类课程中尤为重要。数据收集与处理是研究、实验或项目中至关重要的步骤，它涉及获取、清洗、分析以及解释数据的过程。

‖ 5.1 ‖ 实验设计

对于“JavaEE 程序设计”课程来说，设计一个有效的实验不仅可以帮助学生巩固理论知识，还能提高他们解决实际问题的能力。以下是设计 JavaEE 实验的步骤和考虑因素：

5.1.1 确定实验目标

明确实验的教学目标，确保它们与课程的总体目标一致。

设定具体的学习成果，如掌握特定技术、理解某个概念或发展某项技能。

确定实验目标是设计实验活动的首要步骤，它将直接影响实验的内容、结构和评估方式。

1. 对于“JavaEE 程序设计”课程的实验来说，实验目标可以从以下几方面考虑：

（1）理解基本概念

使学生能够理解并描述 JavaEE 的核心组件和技术，如 Servlets、JSPs、EJBs 等。

（2）掌握开发工具

教会学生如何使用开发环境和工具（如 Eclipse、IntelliJ IDEA、NetBeans），以及如何配置和使用应用服务器（如 Tomcat、WildFly、GlassFish）。

（3）掌握编程技能

提高学生使用 Java 语言编写高效、可读性强且可维护代码的能力。

（4）实现特定功能

指导学生实现特定的功能或项目模块，如用户认证、数据库交互、文件上传等。

（5）设计模式应用

教授学生如何在 JavaEE 项目中应用设计模式，比如 MVC（Model-View-Controller）架构模式。

（6）企业级应用构建

让学生学会如何规划和构建一个多层次的企业级应用，理解不同层次之间的交互。

（7）性能优化

教会学生如何识别性能瓶颈，并对 JavaEE 应用程序进行优化。

（8）了解安全性知识

强调 Web 应用的安全性问题，教授学生实现安全措施的方法，如防止 SQL 注入、跨站脚本（XSS）攻击等。

（9）了解事务管理

使学生了解事务管理的概念，并在 JavaEE 环境中实现有效的数据事务管理。

（10）部署和维护技能

指导学生如何将 JavaEE 应用部署到云平台或传统的 Web 服务器，并进行基本的维护操作。

（11）团队协作与项目管理

通过小组合作项目，培养学生的团队合作精神和项目管理能力。

（12）持续集成 / 持续部署（CI/CD）

引导学生了解并实践 CI/CD 原则，使用相应工具（如 Jenkins）自动化测试和部署流程。

在定义实验目标时，教师应确保这些目标与课程总体教学目标相一致，同时考虑到学生的先验知识和技能水平，以便设计出既有挑战性也切合实际的实验内容。

2. 实验目标实例

在“JavaEE 程序设计”课程中，具体实验目标应聚焦于让学生通过实践操作掌握关键的技术和概念。以下是一些具体的实验目标示例：

（1）环境搭建与工具熟悉

学生能够独立安装和配置 Java 开发环境（JDK）。学生能够使用 IDE（如 Eclipse, IntelliJ IDEA）创建和管理 JavaEE 项目。学生能够配置并使用应用服务器（如 Tomcat, WildFly）。

（2）Servlet 和 JSP 编程

学生能够编写和部署一个简单的 Servlet 来处理 HTTP 请求。学生能够使用 JSP 技术动态生成网页内容。

（3）企业级 Bean（EJB）的应用

学生能够创建一个会话 Bean（Session Bean）来管理业务逻辑。学生理解实体 Bean（Entity Bean）的生命周期，并能够在项目中正确使用。

（4）数据库交互

学生能够使用 JDBC 进行数据库连接和数据操作。学生能够实现基于 EJB 的数据库访问代码，理解 CMP 和 BMP 的区别。

（5）Web 组件与服务集成

学生能够利用 JavaEE 的 Web 组件（如 Servlets，JSPs）构建基本的 Web 应用程序。学生能够集成 RESTful Web 服务或 SOAP Web 服务到 JavaEE 应用中。

（6）安全性和授权

学生能够实现用户认证和授权，理解角色基础的访问控制（role-based access control）。

（7）事务管理

学生能够理解事务的概念并在 JavaEE 应用中实现事务管理。

（8）消息服务

学生能够使用 JavaEE 消息服务（JMS）进行异步通信。

（9）前端交互与 Ajax

学生能够将 Ajax 技术与 JavaEE 后端集成，以创建响应式的 Web 界面。

（10）部署与维护

学生能够将自己的 JavaEE 应用部署到云平台或本地服务器并进行基本维护。

（11）性能调优

学生能够对 JavaEE 应用进行性能测试，并根据结果优化代码和配置。

（12）团队项目和版本控制

学生能够在团队环境中协作开发项目，并使用版本控制系统（如 Git）进行源代码管理。每个实验目标都需要对应一个或多个具体的实验活动，以确保学生能够通过实际操作达到这些目标。教师在设计实验时，应该提供清晰的步骤、示例代码和必要的文档，同时预留足够的空间供学生探索和创新。

5.1.2　选择实验主题和内容

根据课程进度和重点挑选适合的实验主题。确保实验内容既能体现 JavaEE 的关键特性，又能激发学生的兴趣。选择实验主题和内容是实现教学目标的关键步骤。在 JavaEE 程序设计课程中，实验应该围绕核心概念、技术和应用进行设计。以下是一些建议的实验主题和内容：

1. 开发环境搭建

实验内容：安装 JDK（Java development kit），配置 IDE（如 IntelliJ IDEA 或 Eclipse），创建 JavaEE 项目，配置应用服务器（如 Tomcat）。

2. Servlet 和 JSP 基础

实验内容：创建一个基于 Servlet 的简单 Web 应用程序，处理表单提交；使用 JSP 动态展示数据。

3. 用户认证和会话管理

实验内容：实现基于表单的用户登录验证，使用 Session 对象管理用户状态。

4. 数据库交互

实验内容：使用 JDBC 连接数据库，执行 CRUD 操作；通过 EJB 访问实体数据。

5. 企业级 Bean（EJB）的应用

实验内容：设计并实现一个会话 Bean 来管理业务逻辑；探索不同类型 EJB 的使用方法。

6. Web 组件和服务集成

实验内容：构建一个包含 Servlets、JSPs 和 JavaBeans 的复杂 Web 应用程序；集成 RESTful 服务或 SOAP 服务。

7. 安全性和授权

实验内容：在 Web 应用中实施安全约束和角色检查；使用容器管理的认证和授权。

8. 事务管理

实验内容：在 EJB 应用中实施事务控制；理解并演示事务的 ACID 属性。

9. 消息服务与异步通信

实验内容：通过 JavaEE 消息服务（JMS）发送和接收消息；实现异步通信。

10. 使用 Ajax 和前端技术

实验内容：将 Ajax 与后端 Servlet 集成，实现动态用户界面更新；使用 JSF 或其他前端框架改善用户体验。

11. 部署、维护和性能调优

实验内容：将 JavaEE 应用部署到云服务器或本地服务器；执行性能测试并根据结果调整配置。

12. 团队协作和版本控制

实验内容：模拟团队开发环境，使用 Git 进行源代码管理和分支合并；实践持续集成 / 持续部署。

在选择实验主题和内容时，教师应确保它们不仅覆盖了 JavaEE 的核心知识点，而且能够激发学生的兴趣，提高他们解决实际问题的能力。此外，实验的难度应逐步增加，以帮助学生巩固基础知识，同时挑战更高级的技术和概念。

5.1.3 规划实验难度和规模

考虑学生的技能水平和背景知识，设计适当难度的实验。控制实验的规模，确保学生能在有限的时间内完成。规划实验难度和规模是确保学生能够逐步学习和掌握 JavaEE 技术的关键。以下是一些建议，可以帮助您合理地规划实验的难度和规模:

1. 从基础到高级

设计一系列由浅入深的实验，让学生先从基本概念开始，逐渐过渡到更复杂的主题和技术。

2. 逐步增加复杂性

初始实验应关注单一概念或技术点，随着课程进展，逐步引入综合性更强的项目。

3. 考虑学生能力

根据学生的先前知识和技能水平来调整实验难度，确保大多数学生能够在适当的挑战下学习。

4. 时间管理

为每个实验设定合理的时间框架，确保学生有足够的时间完成实验任务，同时也要避免过度负担。

5. 模块化设计

将大型项目分解成小的、可管理的模块，每个模块关注一个特定的功能或技术点，便于学生逐步构建和理解整个应用。

6. 递增的实验规模

初期实验可能只涉及编写单个 Servlet 或 JSP 页面，而后期实验可能需要学生构建完整的多层面应用程序。

7. 集成之前的知识

设计实验时，鼓励学生使用之前学到的技术，如在一个实验中同时使用 EJB 和 JDBC。

8. 真实场景模拟

创建实验案例，模拟真实世界中的业务场景和技术挑战，以增强学生的学习动机和应用能力。

9. 反馈和迭代

在实验过程中提供及时的反馈，并鼓励学生基于反馈进行迭代开发，以提高软件质量。

10. 团队合作与分工

对于大型项目，采用团队协作方式，通过分工合作来管理项目规模和复杂度。

11. 资源和工具的使用

提供必要的资源和工具，如版本控制系统、项目管理工具和文档模板，帮助学生应对更大规模的项目。

通过以上方法，教师可以有效地规划实验难度和规模，确保学生在掌握知识的同时，也能够应对真实工作环境中可能遇到的挑战。

5.1.4 设计实验流程

制定清晰的实验指导书或实验大纲，包括实验目的、步骤、预期结果和提交要求。准备必要的实验资源，如代码样例、文档、工具软件及配置好的开发环境。设计实验流程是确保学生能够系统地学习和实践的关键步骤。一个好的实验流程应该清晰、连贯，并且能够引导学生逐步完成实验目标。以下是设计“JavaEE 程序设计”课程实验流程的步骤：

1. 制定详细的实验大纲

创建实验指南或教材，包括实验的目标、所需资源、步骤说明、预期结果和提交要求。

2. 准备环境与工具

确保所有必要的软件、工具和资源（如 JDK、IDE、数据库、应用服务器）都已经安装并配置妥当。提供环境搭建的指导手册或视频教程供学生参考。

3. 基础知识回顾

在实验开始前，通过讲解、演示或练习复习关键概念和技术，确保学生具备实施实验所需的理论基础。

4. 分步骤引导

将实验分解为多个具体的步骤或任务，每个步骤都有明确的目标和操作指引。

提供示例代码和解决方案，帮助学生理解每个步骤应该如何执行。

5. 实践与探索

鼓励学生动手实践，尝试编写、运行和调试代码，以及探索不同的实现方法。

6. 检查点设置

在实验过程中设置检查点，用于验证学生的进度和理解程度。检查点可以是代码的提交、功能的演示或问题的解答。

7. 迭代开发与反馈

鼓励学生基于教师和同伴的反馈进行迭代开发，逐步改进他们的工作。

8. 文档编写

强调文档的重要性，要求学生编写清晰的代码注释和项目文档。

9. 测试与评估

教导学生如何对 JavaEE 应用程序进行单元测试和集成测试。评估标准应包括代码质量、功能正确性、性能和文档完整性。

10. 项目展示和评审

安排时间让每个学生或小组展示他们的项目，并进行同行评审。

11. 清理与总结

实验结束后，指导学生进行环境清理和数据备份。组织课堂讨论，总结学到的知识，分享经验教训和最佳实践。

12. 后续学习资源

提供额外的学习材料、在线资源或建议的阅读列表，以便学生在实验之后可以进一步深入学习。

通过以上步骤，教师可以设计出一个结构化且富有成效的实验流程，不仅有助于学生掌握 JavaEE 程序设计的技能，还能培养他们的问题解决能力和项目管理能力。

5.1.5 实施前置教学

在实验开始前，提供必要的理论讲解和演示，确保学生具备进行实验所需的知识。

实施前置教学是在正式的实验活动开始之前向学生提供必要的知识和技能，以确保他们能够成功完成实验任务。以下是实施前置教学的一些策略：

1. 理论回顾课程

安排一节课来回顾与即将进行的实验相关的关键理论知识。这可能包括 JavaEE 的基本原理、重要的 APIs、设计模式等。

2. 技术演示

教师可以现场演示或录制视频来展示实验中将要使用的技术、工具和开发环境的设置过程。

3. 示例代码分析

提供一些简单的示例代码，引导学生理解如何实现特定的功能或解决特定的编程问题。

4. 实验室导览

如果是在计算机实验室进行实验，可以对学生进行实验室环境的导览，让他们熟悉工作站的设置和操作。

5. 预习材料发放

分发预习材料，如实验手册、教程、幻灯片或推荐阅读资料，让学生在实验前有时间自学和准备。

6. 讨论与问答

留出时间回答学生的问题，并鼓励他们提出有关即将进行的实验的疑问。

7. 小规模的热身练习

设计一些简单的练习让学生在实验课开始前提前去完成，以帮助他们预习和巩固知识点。

8. 分组讨论

通过小组讨论的方式，让学生共同复习关键概念，分享他们对实验内容的理解。

9. 在线论坛和 Q&A

如果课程有配套的在线平台，可以在上面开设论坛或 Q&A 板块，让学生提交问题，教师或助教可以在线回答。

10. 检查预备知识

可以通过小测验或提问来评估学生的预备知识，确保他们具备开始实验所必需的基础。

通过这些前置教学活动，可以帮助学生更好地准备实验，提高他们在实验中的效率和成功率。此外，前置教学也有助于激发学生的兴趣，建立他们的自信心，从而更积极地参与到实验学习中。

5.1.6 组织实验室资源

确保每位学生或每组学生都能够访问到必要的硬件和软件资源。如果使用在线平台或远程服务器，确保所有学生都有足够的访问权限。

5.1.7 鼓励合作学习

通过小组合作的方式促进学生之间的交流和学习。设立小组角色（如编码者、测试者、文档编写者等），使每位成员都能参与到实验过程中。

5.1.8 监督和指导

在实验过程中，教师要随时准备解答学生的疑问并提供必要的技术指导。观察学生的操作过程，及时纠正错误并给予反馈。

5.1.9 评估和反馈

设定评估标准，如代码质量、功能实现、创新性、文档完整性等。提供详细的反馈，帮助学生了解自己的优点和需要改进的地方。

5.1.10 迭代和改进

收集学生的反馈和建议，不断优化实验设计和流程。根据技术发展和行业趋势更新实验内容，保持实验的时效性和实用性。通过遵循这些步骤和考虑因素，可以设计出既具挑战性又富有成效的 JavaEE 实验，从而为学生提供宝贵的学习和成长经验。

‖ 5.2 ‖ 数据收集与处理

在“JavaEE 程序设计”课程中，数据收集与处理可能是评估学生实验结果、改进教学方法或进行技术研究的一部分。以下是数据收集与处理的一般步骤：

1. 确定数据收集目标

明确你希望通过数据收集和处理达到的目标。这可能包括衡量学生的学习进度、评估教学方法的有效性或分析系统性能等。

2. 设计数据收集计划

设计一份详细的数据收集计划，包括数据类型、来源、收集方法、存储方式和所需工具。

3. 选择合适的工具和技术

根据需要收集的数据类型选择适当的工具和技术。例如，使用在线问卷、日志文件、数据库查询或专门的数据收集软件。

4. 实施数据收集

根据计划执行数据收集工作。确保数据的准确性和完整性是这一步骤的关键。

5. 数据清洗

对收集到的数据进行清洗，以去除无效、不完整或错误的记录。数据清洗对于保证数据分析结果的质量至关重要。

6. 数据存储

确保数据被安全且有组织地存储，便于后续访问和分析。使用数据库、电子表格或专业的数据管理系统来存储数据。

7. 数据分析

使用统计方法、数据挖掘技术或定性分析方法来解读数据。分析可以是描述性的（报告数据的特征）或推论性的（从数据中提取结论）。

8. 数据可视化

利用图表、图形或仪表板将数据转换为更容易理解的形式。数据可视化有助于揭示数据中的模式和趋势。

9. 结果解释

基于数据分析结果提出解释和建议。考虑结果的意义以及它们如何影响研究问题或项目目标。

10. 撰写报告或论文

编写一份包含数据收集、处理和分析结果的详细报告或论文。确保遵循适当的引用和格式规范。

11. 反馈和迭代

将分析结果和发现用于改进未来的实验设计、教学策略或产品开发。根据反馈进行必要的迭代。

在进行数据收集与处理时，应始终注意保护个人隐私和遵守相关数据保护法规。此外，确保整个数据处理过程的透明度和可重复性，以便其他研究人员可以验证和复现结果。

‖ 5.3 ‖ 实验结果分析

实验结果分析是理解和解释收集到的数据的过程。在"JavaEE 程序设计"课程中，这通常涉及对学生的项目、测试或练习的结果进行评估和反思。以下是实验结果分析的步骤：

1. 数据整理

将收集到的所有数据（代码、日志文件、测试结果等）组织起来，以便于分析。

2. 定量分析

如果可用的话，使用统计方法来处理量化数据，比如错误率、响应时间、内存消耗等。

3. 定性分析

对于非数值型的数据，如学生反馈、观察记录或自我评价，进行内容分析，寻找模式、主题或趋势。

4. 性能评估

根据实验目标来评估软件的性能，例如，加载时间、吞吐量、并发处理能力等。

5. 功能正确性验证

检查程序是否按照预期工作，所有功能是否都正确实现。

6. 代码质量审查

分析代码的质量，包括编码风格、复杂度、可读性和维护性。

7. 错误和缺陷分类

对在实验过程中发现的错误和缺陷进行分类，分析它们的来源和类型。

8. 比较与基准测试

如果有对照组或基准实现，与实验结果进行对比，分析差异的原因。

9. 讨论偏差和不确定性

识别可能影响结果的任何偏差或不确定性因素，并讨论它们的潜在影响。

10. 学生学习成果分析

分析学生的学习进度，包括理论知识的掌握程度和实践技能的提高。

11. 撰写分析报告

编写一份报告，总结实验结果和分析，强调关键发现，并提出结论和建议。

12. 提出改进措施

根据分析结果提出改进教学策略、课程设计或技术实施的措施。

13. 可视化展示

使用图表、图形和其他可视化工具来展示数据分析的结果，使它们更容易理解。

14. 反馈给参与者

将分析结果和得到的教训反馈给学生，帮助他们了解如何改进自己的工作。在进行实验结果分析时，应该保持客观和批判性思维，避免因个人偏见或预设立场而影响分析的公正性。此外，分析过程应该是可复制的，以便其他研究者可以验证结果。

‖ 5.4 ‖ 讨论与启示

讨论与启示是在实验或研究项目结束后对结果进行深入分析、反思和提炼教训的阶段。在 JavaEE 程序设计课程中，这一环节帮助学生理解他们的实验工作如何与更广泛的技术、教育或业务环境相联系。以下是进行讨论和得出启示的步骤：

1. 结果总结

重新审视实验结果，总结关键发现和重要的数据点。

2. 对比预期目标

将实验结果与最初的学习目标或实验假设进行比较，评估是否达到了预期。

3. 识别成功因素

分析导致成功结果的因素，如良好的设计决策、有效的团队合作或优秀的问题解决策略。

4. 分析挑战和困难

讨论在实验过程中遇到的挑战，包括技术难题、时间管理问题或其他资源限制。

5. 探讨影响因素

分析外部因素（如工具的局限性、服务器性能或网络延迟）如何影响实验结果。

6. 提出改进建议

根据分析结果，提出改进未来实验设计或执行方法的建议。

7. 学术和技术启示

从学术和技术角度讨论实验结果的意义，强调新的见解或理论贡献。

8. 教育启示

分析实验对于教学方法、课程内容和学生学习方式的影响。

9. 实践意义

探讨实验结果对于实际工作环境、工业实践或商业策略的应用价值。

10. 撰写讨论部分

在实验报告或研究论文中编写讨论部分，清晰地表达分析和启示。

11. 分享经验

通过研讨会、讲座或社交媒体等渠道分享实验经验和教训，以供他人学习和借鉴。

12. 建立未来研究方向

根据实验结果和讨论，指出未来研究的可能方向或值得进一步探索的领域。在进行讨论和启示时，应注重批判性思维，并鼓励学生从不同角度思考问题。这不仅有助于深化学生对 JavaEE 技术的理解，还能培养他们的综合分析能力和创新思维。此外，教师应引导学生学会从失败中学习，认识到即使不是所有实验都能直接成功，但每次尝试都是学习过程的重要组成部分。

第六章 结论与建议

总结主要研究成果是科学实验、研究项目或课程学习活动的关键部分。这一过程涉及对整个研究过程进行回顾，提炼出关键的发现和贡献，并对未来的研究和实践提出建议。

6.1 主要研究成果总结

以下是如何总结“JavaEE 程序设计”课程中的主要研究成果的步骤：

1. 回顾研究目标

开始总结前，先回顾实验或研究的目标和预期成果，这将帮助聚焦于最重要的发现。

2. 梳理关键结果

汇总所有实验活动中得到的关键结果和数据，包括成功的项目、测试结果以及任何重要的观察或现象。

3. 评价影响和贡献

分析这些结果对于 JavaEE 领域的影响，以及它们可能对教育、技术实践或理论发展做出的贡献。

4. 强调创新点

突出在实验过程中采用的创新方法、新颖的设计或独特的解决方案。

5. 撰写研究成果摘要

编写一份简洁明了的摘要，概述研究的主要目的、方法、结果和结论。

6. 制作成果展示

如果适用，准备图表、幻灯片或其他视觉辅助材料来展示研究成果。

7. 讨论实际应用

描述研究成果在实际环境中的应用前景，以及它们如何解决实际问题或提高效率。

8. 提出建议和改进措施

根据研究发现，给出对未来工作的建议，包括如何改进技术、优化流程或加强教学。

9. 撰写研究报告或论文

将研究成果整理成形式化的报告或论文，确保按照学术规范进行引用和格式排版。

10. 分享研究成果

通过研讨会、会议、在线平台或出版物等途径，与同行和公众分享研究成果。

11. 反思学习和成长

除了技术和学术成果外，也应当反思在整个研究过程中的个人学习和成长。

12. 建立未来研究方向

基于当前的研究结果，指出未来可能的研究方向或需要进一步探索的问题。

在总结研究成果时，应注重准确性和客观性，确保所有的声明都有数据和分析的支持。此外，应该清楚地区分事实（实验结果）和解释（对结果的理解），并在可能的情况下提供量化的结果和结论。最后，鼓励学生保持好奇心和开放态度，认识到研究是一个不断发展的过程，每一项研究都为后续的工作奠定了基础。

6.2 研究局限与未来展望

在撰写研究论文、报告或进行学术演讲时，讨论研究的局限性和提出未来的展望是非常重要的。这有助于批判性地评价研究成果，并为后续的研究提供方向。以下是如何讨论研究局限与未来展望的步骤：

1. 识别方法论局限

分析实验设计、数据收集和分析方法中可能存在的局限性。例如，样本量可能太小、实验设置可能不够现实或数据分析方法可能有偏差。

2. 考虑理论框架局限

反思所采用的理论框架或概念模型是否限制了研究的视角或解释的深度。

3. 评估实施过程中的局限

讨论在实施实验或研究过程中遇到的具体问题，如资源限制、时间约束或技术障碍。

4. 分析外部有效性

评估研究结果是否可以推广到其他环境或情境中，即研究的外部有效性。

5. 强调内部有效性威胁

讨论可能影响因果关系确立的因素，如未控制的变量、偶然错误或偏见。

6. 提出改进建议

根据识别出的局限，提出如何在未来的研究中改进设计和方法。

7. 探讨技术和工具的发展

预测技术进步如何可能影响未来的研究方向，包括新工具、语言版本更新或开发环境的变革。

8. 展望未来应用前景

推测研究成果在未来可能的应用场景，以及它们对于行业、科学或社会的长远意义。

9. 制定未来研究议程

基于当前的研究结果和存在的局限，提出具体的未来研究课题、问题和方法。

10. 撰写结论部分

在论文或报告的结论部分清晰地表达研究的局限和未来的展望。

11. 准备演讲和展示

如果需要进行口头报告或展示，准备相应的幻灯片或其他视觉材料来阐述这些点。

12. 鼓励持续学习和对话

提倡开放的学术交流环境，鼓励其他研究者对研究结果进行验证、批评和扩展。

在讨论研究局限时，诚实和透明是至关重要的。这不仅增加了研究的可信度，也为其他研究者提供了进一步探索的基础。同时，对未来展望的讨论应该富有远见且具有启发性，能够激发新的研究想法和兴趣。通过这样的讨论，研究者可以更全面地理解他们的工作在整个研究领域中的位置，并对其长远影响有所预见。

6.3 对一流课程建设的建议

一流课程建设是高等教育质量提升的重要方面，涉及教学内容、教学方法、教学资源和教师团队等多个方面。以下是一些建议，旨在帮助高校和教育机构打造一流的课程体系：

1. 明确课程目标

确定清晰、具体的学习成果，确保课程内容与专业要求和行业需求相匹配。

2. 更新教学内容

定期更新课程内容，确保与时俱进，反映最新的学术研究和行业发展。

3. 采用混合式教学

结合线上和线下教学，利用数字化工具和平台，提供灵活多样的学习方式。

4. 实施互动式教学

鼓励学生参与讨论、案例分析和项目实践，提高课堂互动性和参与度。

5. 强化实践环节

增加实验、实习、工作坊等实践环节，使学生能够将理论知识应用于实际问题解决中。

6. 优化课程结构

设计合理的课程结构，确保课程内容连贯，由浅入深，符合学生认知规律。

7. 加强跨学科融合

鼓励跨学科课程设计，促进不同学科知识的交叉融合，拓宽学生视野。

8. 提升教学质量

定期进行教学评估和反馈，持续改进教学方法和手段。

9. 建立优秀教师团队

组建由高水平教师组成的教学团队，鼓励教师之间的交流与合作。

10. 丰富教学资源

提供丰富的教学资源，如图书、在线资料、视频讲座等，支持学生自主学习。

11. 注重学生评价

重视学生的反馈和建议，将学生的需求和体验纳入课程改进的重要依据。

12. 国际化视野

引入国际先进的教学理念和案例，提供国际化的学习环境，鼓励学生具备全球竞争力。

13. 研究与教学相结合

鼓励教师将自己的研究成果转化为教学内容，提高课程的前沿性和学术价值。

14. 建立持续改进机制

设立专门的课程发展委员会或工作小组，负责监督和指导课程的持续改进。

15. 提供支持和激励

为教师提供必要的支持，如培训、资金和时间，以激励他们在课程建设中投入更多的精力。

通过这些建议的实施，可以帮助高校和教育机构构建更加优质、高效和具有吸引力的课程，从而提升整体的教学水平和学生的学习体验。

第七章

“JavaEE 程序设计”课程项目案例

项目案例通常是指用于教学、培训或研究目的的具体实例，它们展示了如何应用特定的理论、方法或技术来解决实际问题。在教育领域，尤其是在工程、商业和项目管理等实践性较强的学科中，项目案例是理解和掌握复杂概念的有效工具。

以下是一些“JavaEE 程序设计”课程项目案例的简要描述，这些案例可以用作教学活动的一部分。

7.1 在线图书商店

目标：创建一个可以让用户浏览、搜索、购买和评价图书的在线商店。

技术要点：使用 Servlets 和 JSP 处理用户请求和页面展示，使用 JavaBeans 管理图书数据，利用 JDBC 连接数据库，存储用户和订单信息。

学习成果：学生将学会如何实现用户认证、会话管理、数据库交互和事务处理。

在线图书商店系统的实现涉及多个组件和层次，包括用户界面、业务逻辑、数据访问以及数据库。

7.1.1 需求分析

首先，需要确定在线图书商店的基本需求，包括但不限于：用户注册与登录；图书展示与搜索；购物车管理；订单处理；支付系统集成；用户评价系统。

7.1.2 系统设计

根据需求分析，设计系统的架构，通常包括以下部分：

① 前端：负责用户界面的展示，可以使用 HTML、CSS、JavaScript，或者框架如 AngularJS、React 等。

② Web层: 使用JavaEE的Servlets和JSP处理HTTP请求和响应,以及页面跳转。

③ 业务逻辑层：使用 JavaEE 的 EJB（Entity Beans）或 POJO（Plain Old Java Objects）实现业务 逻辑。

④ 数据访问层：使用 JDBC 或 JPA（Java Persistence API）进行数据库操作。

⑤ 数据库：存储用户信息、图书信息、订单信息等。

7.1.3 开发环境准备

搭建开发环境包括：

① JavaEE 服务器：如 WildFly, GlassFish, Payara 等。

② 开发工具：如 Eclipse, IntelliJ IDEA 等。

③ 数据库服务器：如 MySQL, PostgreSQL 等。

7.1.4 实现细节

1. 用户界面

使用 JSP 和 JSTL（JSP Standard Tag Library）创建动态页面。为不同的功能（如首页、用户登录 / 注册、图书列表、购物车等）设计相应的页面。

以下是一个简单的用户登录和注册界面的 HTML 和 CSS 代码示例：

````
```html
<!DOCTYPE html>
<html lang="en">
<head>
    <meta charset="UTF-8">
    <meta name="viewport" content="width=device-width, initial-
scale=1.0">
    <title>Login and Registration</title>
    <style>
        body {
            font-family: Arial, sans-serif;
            background-color: #f4f4f4;
        }

        .container {
            width: 300px;
            margin: 0 auto;
            padding: 20px;
            background-color: #fff;
            border-radius: 5px;
            box-shadow: 0 0 10px rgba(0, 0, 0, 0.1);
````
````

```
        }

        h2 {
            text-align: center;
        }

        label {
            display: block;
            margin-bottom: 5px;
        }

        input[type="text"], input[type="password"] {
            width: 100%;
            padding: 5px;
            margin-bottom: 10px;
            border: 1px solid #ccc;
            border-radius: 3px;
        }

        button {
            width: 100%;
            padding: 5px;
            background-color: #007bff;
            color: #fff;
            border: none;
            border-radius: 3px;
            cursor: pointer;
        }

        button:hover {
            background-color: #0056b3;
        }
    </style>
</head>
<body>
    <div class="container">
        <h2>Login</h2>
        <form action="/login" method="post">
            <label for="username">Username:</label>
            <input type="text" id="username" name="username" required>
            <label for="password">Password:</label>
            <input type="password" id="password" name="password" required>
            <button type="submit">Login</button>
        </form>
    </div>
```

```
        <div class="container">
            <h2>Register</h2>
            <form action="/register" method="post">
                <label for="reg_username">Username:</label>
                <input type="text" id="reg_username" name="reg_username"
required>
                <label for="reg_password">Password:</label>
                <input type="password" id="reg_password" name="reg_
password" required>
                <label for="confirm_password">Confirm Password:</label>
                <input type="password" id="confirm_password" name=
"confirm_password" required>
                <button type="submit">Register</button>
            </form>
        </div>
    </body>
    </html>
    ```
```

这个示例包含了一个简单的登录表单和一个注册表单。用户可以输入用户名和密码进行登录，也可以输入新的用户名、密码和确认密码进行注册。表单提交后，数据将发送到服务器端的相应处理程序（例如 /login 和 /register）。请注意，这只是一个基本的示例，实际项目中可能需要更多的验证和错误处理。

2. Web 层

创建 Servlets 处理不同的用户请求，如用户登录、图书搜索等。使用 HttpSession 管理用户会话。

在 JavaEE 中，Servlets 是用于处理用户请求和生成响应的组件。以下是一个简单的 Servlet 示例，用于处理登录请求：

```
    ```java
    import java.io.IOException;
    import javax.servlet.ServletException;
    import javax.servlet.annotation.WebServlet;
    import javax.servlet.http.HttpServlet;
    import javax.servlet.http.HttpServletRequest;
    import javax.servlet.http.HttpServletResponse;

    @WebServlet("/login")
    public class LoginServlet extends HttpServlet {
        private static final long serialVersionUID = 1L;
```

```
    protected void doPost(HttpServletRequest request, HttpServletResponse
response) throws ServletException, IOException {
        String username = request.getParameter("username");
        String password = request.getParameter("password");

        // 在这里进行身份验证逻辑，如查询数据库或调用其他服务
        boolean isAuthenticated = authenticate(username, password);

        if (isAuthenticated) {
            // 登录成功，重定向到主页或其他页面
            response.sendRedirect("home.jsp");
        } else {
            // 登录失败，返回错误信息并重新显示登录表单
            request.setAttribute("errorMessage", "Invalid username
or password.");
            request.getRequestDispatcher("login.jsp").forward
(request, response);
        }
    }

    private boolean authenticate(String username, String password) {
        // 实现身份验证逻辑，例如查询数据库或调用其他服务
        // 如果用户名和密码匹配，则返回 true，否则返回 false
        return true; // 这里只是一个示例，实际项目中需要实现真正的身份
验证逻辑
    }
}
```

这个示例中的 LoginServlet 继承自 HttpServlet 类，并使用 @WebServlet 注解将 URL 路径 /login 映射到该 Servlet。当用户提交登录表单时，doPost 方法将被调用，从请求中获取用户名和密码，然后调用 authenticate 方法进行身份验证。如果身份验证成功，将重定向到主页；如果失败，将返回错误信息并重新显示登录表单。

类似地，你可以创建其他 Servlet 来处理不同的用户请求，例如注册、注销、查看购物车等。每个 Servlet 可以根据需要执行相应的业务逻辑，并与前端页面进行交互。

3. 业务逻辑层

使用 EJB 或 POJO 实现业务逻辑，如图书的增删改查、订单处理等。使用 JavaEE 的 API，如 EJB3.x 进行事务管理。

在 JavaEE 中，可以使用 EJB（Enterprise JavaBeans）或 POJO（Plain Old Java

Objects）来实现业务逻辑。以下是一个简单的示例，使用 EJB 实现图书的增删改查功能：

首先，创建一个表示图书的实体类 Book.java，代码如下：

````
```java
import javax.persistence.*;

@Entity
public class Book {
    @Id
    @GeneratedValue(strategy = GenerationType.IDENTITY)
    private Long id;

    private String title;
    private String author;
    private Double price;

    // 构造函数、getter 和 setter 方法省略
}
```
````

接下来，创建一个 EJB 接口 BookService.java，定义图书管理的方法：

````
```java
import java.util.List;

public interface BookService {
    void addBook(Book book);
    void updateBook(Book book);
    void deleteBook(Long id);
    Book findBookById(Long id);
    List<Book> findAllBooks();
}
```
````

然后，创建一个实现了 BookService 接口的 EJB 实现类 BookServiceImpl.java：

````
```java
import javax.ejb.Stateless;
import javax.persistence.EntityManager;
import javax.persistence.PersistenceContext;
import java.util.List;

@Stateless
public class BookServiceImpl implements BookService {
    @PersistenceContext
    private EntityManager entityManager;
````
````

```
    @Override
    public void addBook(Book book) {
        entityManager.persist(book);
    }

    @Override
    public void updateBook(Book book) {
        entityManager.merge(book);
    }

    @Override
    public void deleteBook(Long id) {
        Book book = entityManager.find(Book.class, id);
        if (book != null) {
            entityManager.remove(book);
        }
    }

    @Override
    public Book findBookById(Long id) {
        return entityManager.find(Book.class, id);
    }

    @Override
    public List<Book> findAllBooks() {
        return entityManager.createQuery("SELECT b FROM Book b",
Book.class).getResultList();
    }
}
```

在这个示例中，我们使用了 @Stateless 注解将 BookServiceImpl 标记为无状态会话 Bean，并使用 @PersistenceContext 注入了 EntityManager 来执行数据库操作。BookServiceImpl 实现了 BookService 接口中定义的方法，用于添加、更新、删除和查询图书。

最后，你可以在 Servlet 或其他组件中注入 BookService 并调用其方法来处理图书相关的业务逻辑。例如，在一个 Servlet 中添加一本新书：

```java
import javax.inject.Inject;
import javax.servlet.annotation.WebServlet;
import javax.servlet.http.HttpServlet;
import javax.servlet.http.HttpServletRequest;
```

```
    import javax.servlet.http.HttpServletResponse;

    @WebServlet("/addBook")
    public class AddBookServlet extends HttpServlet {
        private static final long serialVersionUID = 1L;

        @Inject
        private BookService bookService;

        protected void doPost(HttpServletRequest request, HttpServletResponse
response) throws ServletException, IOException {
            String title = request.getParameter("title");
            String author = request.getParameter("author");
            Double price = Double.parseDouble(request.getParameter
("price"));

            Book book = new Book(title, author, price);
            bookService.addBook(book);

            response.sendRedirect("books.jsp"); // 重定向到图书列表页面
        }
    }
    ```
```

这个示例中的 AddBookServlet 通过 @Inject 注解注入了 BookService，并在 doPost 方法中从请求中获取图书信息，然后调用 bookService.addBook() 方法将图书添加到数据库。完成后，将用户重定向到图书列表页面。

4. *数据访问层*

使用 JPA 进行 ORM（Object-Relational Mapping）映射。

创建 Entity Classes 对应数据库中的表。

使用 Repository 或 DAO（Data Access Object，数据访问对象）模式进行数据库操作。

在 JavaEE 中，数据库访问层通常指的是数据访问对象层，它负责实现对数据库的各种操作，如增加、删除、修改和查询等。以下是实现数据库访问层的一些建议:

① 使用 JDBC：Java 数据库连接（Java Database Connectivity，JDBC）是 Java 中用于规范客户端程序如何访问数据库的 API。通过 JDBC，可以执行 SQL 语句，管理结果集，并处理数据库事务。熟练掌握 JDBC 是每个 JavaEE 开发者必备的基础技能。

② 学习高级特性：除了基本的数据库连接和操作，还应该学习 JDBC 的高级特
```

性，如预编译语句、批处理和事务管理，这些能够有效提升应用程序的数据存取性能与安全性。

③ 了解数据访问层的学习路线：可以从 JDBC 开始，然后学习一些类库如 DbUtils 等小框架，再进一步学习 ORM 框架如 Hibernate 和 MyBatis。这些框架可以帮助更好地理解底层技术，并在实际开发中与其他技术整合，如 Spring 框架。

④ 三层架构中的持久层：在标准的三层架构中，持久层即 DAO 层，负责数据持久化。它是业务层和数据库之间的桥梁，业务层通过 DAO 层将数据持久化到数据库中。

⑤ 性能优化：在构建复杂的企业级应用时，还需要考虑数据优化的技术，如分库分表的 Mycat 等，以提高系统的性能和可扩展性。

综上所述，数据库访问层是 JavaEE 应用中非常重要的部分，它直接关系到数据的存取效率和应用的稳定性。因此，开发者需要深入理解 JDBC 及其高级特性，并掌握如何使用各种框架和工具来简化数据库操作和提升性能。

使用 JPA 进行 ORM 映射，首先需要创建 Entity Classes 对应数据库中的表。以下是一个简单的示例：

（1）创建一个实体类 Book.java，表示图书信息

````
```java
import javax.persistence.*;

@Entity
@Table(name = "books")
public class Book {
    @Id
    @GeneratedValue(strategy = GenerationType.IDENTITY)
    private Long id;

    @Column(name = "title")
    private String title;

    @Column(name = "author")
    private String author;

    @Column(name = "price")
    private Double price;

    // 构造函数、getter 和 setter 方法省略
}
```
````

（2）创建一个接口 BookRepository.java，用于执行数据库操作

```java
import java.util.List;

public interface BookRepository {
    void addBook(Book book);
    void updateBook(Book book);
    void deleteBook(Long id);
    Book findBookById(Long id);
    List<Book> findAllBooks();
}
```

（3）实现 BookRepository 接口，使用 JPA 的 EntityManager 进行数据库操作

```java
import javax.persistence.EntityManager;
import javax.persistence.PersistenceContext;
import javax.transaction.Transactional;
import java.util.List;

public class BookRepositoryImpl implements BookRepository {
    @PersistenceContext
    private EntityManager entityManager;

    @Override
    @Transactional
    public void addBook(Book book) {
        entityManager.persist(book);
    }

    @Override
    @Transactional
    public void updateBook(Book book) {
        entityManager.merge(book);
    }

    @Override
    @Transactional
    public void deleteBook(Long id) {
        Book book = entityManager.find(Book.class, id);
        if (book != null) {
            entityManager.remove(book);
        }
    }
```

```
    @Override
    public Book findBookById(Long id) {
        return entityManager.find(Book.class, id);
    }

    @Override
    public List<Book> findAllBooks() {
         return entityManager.createQuery("SELECT b FROM Book b",
Book.class).getResultList();
    }
}
```

在这个示例中，我们使用了 JPA 的注解来定义实体类和数据库表之间的映射关系，如 @Entity、@Table、@Id 和 @Column 等。同时，我们实现了 BookRepository 接口，并使用 EntityManager 来进行数据库操作，如增加、更新、删除和查询等。最后，我们在 Servlet 或其他组件中注入 BookRepository 并调用其方法来处理图书相关的业务逻辑。

5. 数据库设计

设计表结构，包括用户表、图书表、订单表、购物车表等。使用 SQL 进行数据库的初始化和数据操作。设计表结构，包括用户表、图书表、订单表、购物车表等。以下是一个简单的示例：

（1）创建用户表（users）

```sql
CREATE TABLE users (
    id INT PRIMARY KEY AUTO_INCREMENT,
    username VARCHAR(50) NOT NULL UNIQUE,
    password VARCHAR(50) NOT NULL,
    email VARCHAR(100),
    phone VARCHAR(20),
    address VARCHAR(200)
);
```

（2）创建图书表（books）

```sql
CREATE TABLE books (
    id INT PRIMARY KEY AUTO_INCREMENT,
    title VARCHAR(100) NOT NULL,
    author VARCHAR(50) NOT NULL,
```

````
    price DECIMAL(10, 2) NOT NULL,
    stock INT NOT NULL
);
```
````

（3）创建订单表（orders）

````
```sql
CREATE TABLE orders (
    id INT PRIMARY KEY AUTO_INCREMENT,
    user_id INT NOT NULL,
    total_price DECIMAL(10, 2) NOT NULL,
    order_date DATETIME NOT NULL,
    FOREIGN KEY (user_id) REFERENCES users(id)
);
```
````

（4）创建订单详情表（order_details）

````
```sql
CREATE TABLE order_details (
    id INT PRIMARY KEY AUTO_INCREMENT,
    order_id INT NOT NULL,
    book_id INT NOT NULL,
    quantity INT NOT NULL,
    price DECIMAL(10, 2) NOT NULL,
    FOREIGN KEY (order_id) REFERENCES orders(id),
    FOREIGN KEY (book_id) REFERENCES books(id)
);
```
````

（5）创建购物车表（carts）

````
```sql
CREATE TABLE carts (
    id INT PRIMARY KEY AUTO_INCREMENT,
    user_id INT NOT NULL,
    book_id INT NOT NULL,
    quantity INT NOT NULL,
    FOREIGN KEY (user_id) REFERENCES users(id),
    FOREIGN KEY (book_id) REFERENCES books(id)
);
```
````

以上是一个简单的数据库表结构设计，可以根据实际需求进行调整和扩展。在实际应用中，还需要考虑索引、约束、触发器等高级特性来优化性能和数据完整性。
````

6. 使用 SQL 语句进行数据库的初始化和数据操作

（1）创建数据库和表结构

````
```sql
CREATE DATABASE mydb;
USE mydb;

CREATE TABLE users (
    id INT PRIMARY KEY AUTO_INCREMENT,
    username VARCHAR(50) NOT NULL UNIQUE,
    password VARCHAR(50) NOT NULL,
    email VARCHAR(100),
    phone VARCHAR(20),
    address VARCHAR(200)
);

CREATE TABLE books (
    id INT PRIMARY KEY AUTO_INCREMENT,
    title VARCHAR(100) NOT NULL,
    author VARCHAR(50) NOT NULL,
    price DECIMAL(10, 2) NOT NULL,
    stock INT NOT NULL
);

CREATE TABLE orders (
    id INT PRIMARY KEY AUTO_INCREMENT,
    user_id INT NOT NULL,
    total_price DECIMAL(10, 2) NOT NULL,
    order_date DATETIME NOT NULL,
    FOREIGN KEY (user_id) REFERENCES users(id)
);

CREATE TABLE order_details (
    id INT PRIMARY KEY AUTO_INCREMENT,
    order_id INT NOT NULL,
    book_id INT NOT NULL,
    quantity INT NOT NULL,
    price DECIMAL(10, 2) NOT NULL,
    FOREIGN KEY (order_id) REFERENCES orders(id),
    FOREIGN KEY (book_id) REFERENCES books(id)
);

CREATE TABLE carts (
    id INT PRIMARY KEY AUTO_INCREMENT,
````
````

```
    user_id INT NOT NULL,
    book_id INT NOT NULL,
    quantity INT NOT NULL,
    FOREIGN KEY (user_id) REFERENCES users(id),
    FOREIGN KEY (book_id) REFERENCES books(id)
);
```

（2）插入初始数据

```sql
INSERT INTO users (username, password, email, phone, address) VALUES ('admin', 'password', 'admin@example.com', '1234567890', '北京市');
INSERT INTO books (title, author, price, stock) VALUES ('Java 编程思想', 'Bruce Eckel', 79.00, 100);
INSERT INTO books (title, author, price, stock) VALUES ('Effective Java', 'Joshua Bloch', 69.00, 100);
```

（3）查询数据

```sql
SELECT * FROM users;
SELECT * FROM books;
SELECT * FROM orders;
SELECT * FROM order_details;
SELECT * FROM carts;
```

（4）更新数据

```sql
UPDATE users SET email = 'newemail@example.com' WHERE id = 1;
UPDATE books SET stock = stock - 1 WHERE id = 1;
```

（5）删除数据

```sql
DELETE FROM users WHERE id = 1;
DELETE FROM books WHERE id = 1;
```

以上是一个简单的示例，展示了如何使用 SQL 语句进行数据库的初始化和数据操作。

7.1.5 测试

对每个组件进行单元测试，然后进行集成测试以确保系统各部分协同工作。

测试是软件开发过程中必不可少的一环，它可以帮助开发人员发现和修复代码中的错误和缺陷。在 JavaEE 中，可以使用 JUnit 等单元测试框架进行测试。以下是一个简单的示例：

1. 创建一个 Book 类

```java
public class Book {
    private int id;
    private String title;
    private String author;
    private double price;
    private int stock;

    // 构造函数、getter 和 setter 方法省略
}
```

2. 创建一个 BookRepository 接口

```java
import java.util.List;

public interface BookRepository {
    void addBook(Book book);
    void updateBook(Book book);
    void deleteBook(int id);
    Book findBookById(int id);
    List<Book> findAllBooks();
}
```

3. 创建一个 BookRepositoryImpl 实现类

```java
import java.util.ArrayList;
import java.util.List;

public class BookRepositoryImpl implements BookRepository {
    private List<Book> books = new ArrayList<>();

    @Override
    public void addBook(Book book) {
        books.add(book);
```

````
    }

    @Override
    public void updateBook(Book book) {
        int index = books.indexOf(book);
        if (index != -1) {
            books.set(index, book);
        }
    }

    @Override
    public void deleteBook(int id) {
        books.removeIf(book -> book.getId() == id);
    }

    @Override
    public Book findBookById(int id) {
        return books.stream().filter(book -> book.getId() == id).
findFirst().orElse(null);
    }

    @Override
    public List<Book> findAllBooks() {
        return books;
    }
}
```
````

4. 编写测试用例

````
```java
import org.junit.Assert;
import org.junit.Before;
import org.junit.Test;

public class BookRepositoryTest {
    private BookRepository bookRepository;

    @Before
    public void setUp() {
        bookRepository = new BookRepositoryImpl();
    }

    @Test
    public void testAddBook() {
        Book book = new Book(1, "Java 编程思想 ", "Bruce Eckel",
79.00, 100);
````

```
        bookRepository.addBook(book);
        Book result = bookRepository.findBookById(1);
        Assert.assertEquals(book, result);
    }

    @Test
    public void testUpdateBook() {
        Book book = new Book(1, "Java 编程思想", "Bruce Eckel",
79.00, 100);
        bookRepository.addBook(book);
        book.setPrice(89.00);
        bookRepository.updateBook(book);
        Book result = bookRepository.findBookById(1);
        Assert.assertEquals(89.00, result.getPrice(), 0.01);
    }

    @Test
    public void testDeleteBook() {
        Book book = new Book(1, "Java 编程思想", "Bruce Eckel",
79.00, 100);
        bookRepository.addBook(book);
        bookRepository.deleteBook(1);
        Book result = bookRepository.findBookById(1);
        Assert.assertNull(result);
    }

    @Test
    public void testFindAllBooks() {
        Book book1 = new Book(1, "Java 编程思想", "Bruce Eckel",
79.00, 100);
        Book book2 = new Book(2, "Effective Java", "Joshua Bloch",
69.00, 100);
        bookRepository.addBook(book1);
        bookRepository.addBook(book2);
        List<Book> books = bookRepository.findAllBooks();
        Assert.assertEquals(2, books.size());
        Assert.assertTrue(books.contains(book1));
        Assert.assertTrue(books.contains(book2));
    }
  }
  、、
```

以上是一个简单的示例，展示了如何使用 JUnit 进行单元测试。在实际应用中，还需要考虑更多的测试场景和边界条件，以确保代码的质量和稳定性。

7.1.6 部署

将应用部署到 JavaEE 服务器上，并进行性能测试和安全测试。在 JavaEE 应用程序开发完成并通过测试之后，下一步是将应用程序部署到服务器上。以下是使用 Apache Tomcat 服务器部署 JavaEE 应用程序的一般步骤：

1. 准备环境

确保安装了 JDK，下载并安装 Apache Tomcat 服务器。

2. 打包应用程序

如果使用的是 Eclipse 或 IntelliJ IDEA 等 IDE，可以通过 IDE 直接生成 WAR（Web Application Archive）文件。也可以使用 Maven 或 Gradle 等构建工具来生成 WAR 文件。例如，使用 Maven 的命令是：mvn clean package。

3. 停止 Tomcat 服务（如果正在运行）

在 Windows 上，通常可以通过 Tomcat 安装目录下的 bin 文件夹中的 shutdown.bat 脚本来停止服务。在 Linux 或 Mac 上，可以使用 shutdown.sh 脚本。

4. 部署 WAR 文件

将生成的 WAR 文件复制到 Tomcat 的 webapps 目录下，也可以通过 Tomcat 管理界面（通常是 http://localhost:8080/manager/html）来部署应用。

5. 启动 Tomcat 服务

在 Windows 上，使用 startup.bat 脚本。在 Linux 或 Mac 上，使用 startup.sh 脚本。

6. 访问应用程序

在浏览器中输入应用程序的 URL，通常是 http://localhost:8080/ 你的应用程序名称。

7. 配置数据库连接（如果需要）

如果你的应用程序需要连接到数据库，你需要在 Tomcat 的 context.xml 文件中配置数据库连接池（如 Apache DBCP）。或者，你可以在应用程序的 META-INF/context.xml 文件中配置数据库连接信息。

8. 配置安全性（如果需要）

如果应用程序需要安全性配置，比如使用 HTTPS 或者配置用户认证，这些也需要在 Tomcat 服务器上进行相应的配置。

9. 监控和管理

使用 Tomcat 的管理界面来监控应用程序的状态，查看日志，管理会话等。

10. 调优

根据应用程序的性能表现，可能需要对 Tomcat 服务器进行调优，比如调整内存设置、连接池设置等。

请注意，上述步骤是基于 Apache Tomcat 服务器的通用部署流程。如果你使用的是其他服务器，如 WildFly、GlassFish 或 WebSphere 等，部署步骤可能会有所不同。务必参考相应服务器的官方文档来进行部署。

7.1.7 维护与更新

根据用户反馈进行系统维护和功能更新。

在线图书商店的更新和维护是一个持续的过程，涉及多个方面。一些关键的维护和更新任务如下：

1. 网站平台更新

定期更新网站的内容管理系统和电子商务平台，以修复安全漏洞、提高性能和兼容性。升级服务器软件和数据库系统，确保它们高效运行并具有最新的安全措施。

2. 安全性维护

定期扫描网站以检测和清除恶意软件、病毒和其他安全威胁。保持 SSL 证书的最新状态，确保用户数据的安全传输。监控和更新防火墙设置，防止未经授权的访问。

3. 用户体验改进

对网站设计和界面进行定期评估，确保其直观、易于导航且响应迅速。优化页面加载速度，减少跳出率。确保网站的可访问性，使所有用户都能轻松使用。

4. 内容更新

定期更新网站上的图书信息，包括新书发布、价格变动和库存情况。添加或修改图书描述、评论和推荐，以提高内容的质量和相关性。发布新闻、活动和促销信息，吸引和保持用户兴趣。

5. 搜索引擎优化

定期检查和优化网站的关键词、元标签和内容，以提高在搜索引擎中的排名。分析和报告网站的搜索流量和用户行为，以便进行针对性的优化。

6. 技术问题解决

监控网站的正常运行，及时响应和解决任何技术问题，如页面错误、链接失效等。提供用户支持，解答用户的问题和疑虑。

7. 数据分析和报告

收集和分析网站的销售数据、用户访问数据和营销活动效果，以指导未来的决策和策略。定期向管理层报告网站的表现和进展。

8. 备份和恢复

定期备份网站的数据和文件，以防止数据丢失或损坏。测试和更新恢复计划，以确保在发生灾难性事件时能够迅速恢复网站的运行。

通过这些维护和更新任务，可以确保在线图书商店始终处于最佳状态，为用户提供优质的购物体验，同时保护其安全和数据隐私。

这个概览提供了一个基本的框架，实际的实现可能会根据具体的需求和技术选择有所不同。在教学环境中，可以根据学生的学习进度和理解程度，逐步引导他们完成系统的各个部分。

7.2 企业员工管理系统

目标：开发一个允许 HR 管理人员添加、编辑、删除和查询员工信息的系统。

技术要点：利用 EJB 实现业务逻辑层，使用 JPA 进行数据持久化，通过 JSF 创建用户界面。

学习成果：学生将掌握如何使用 JavaEE 进行企业级应用的开发，并理解多层架构的设计原则。

7.2.1 需求分析

在进行企业员工管理系统的需求分析时，需要从不同的角度收集和整理需求，以确保系统能够满足企业的实际管理需要。以下是进行需求分析时可以考虑的关键方面：

1. 业务需求分析

了解企业的组织结构、业务流程和管理模式。确定系统需要支持的业务功能，如员工信息管理、考勤管理、薪酬计算等。识别系统的使用者，包括人力资源部门、财务部门、普通员工等，并了解他们的需求。

2. 功能需求分析

明确系统必须具备的功能模块，如个人信息管理、考勤记录、薪资福利处理等。确定各功能模块的具体操作和流程，例如员工信息的增删改查、考勤数据的汇总与审批等。考虑系统的易用性和用户体验，确保功能设计直观易懂。

3. 数据需求分析

确定系统需要处理的数据类型，如个人信息、考勤数据、薪酬数据等。规划数据存储结构，设计数据库模式。制订数据安全策略，确保敏感信息的保护。

4. 技术需求分析

选择适合的技术平台和开发工具，如前端框架、后端技术、数据库系统等。确定系统的性能要求，如响应时间、并发用户数等。考虑系统的可扩展性和可维护性。

5. 安全需求分析

识别潜在的安全威胁，如数据泄露、未授权访问等。设计安全措施，如用户认证、权限控制、数据加密等。制定应急预案，以应对可能的安全事件。

6. 法律和规范需求分析

了解相关的法律法规和标准，如劳动法、个人信息保护法等。确保系统设计和运营符合法律要求。

7. 集成和兼容性需求分析

如果需要与其他系统集成，如财务系统、办公自动化系统等，需确定集成接口和协议。考虑系统的兼容性，确保能够在不同的设备和操作系统上运行。

通过详细的需求分析，可以制定出清晰的需求规格说明书，为后续的系统设计和开发提供指导。在需求分析过程中，通常需要与各个利益相关者进行广泛的沟通和协作，以确保收集到全面准确的需求信息。

7.2.2 系统设计

企业员工管理系统的系统设计是一个复杂的过程，涉及软件架构、数据库设计、用户界面设计、安全性考虑等多个方面。进行系统设计时可以考虑下面一些关键要素：

1. 系统架构设计

确定系统的高层架构，如是否采用单体应用、微服务或服务导向架构。设计系统的模块划分，确保各模块职责清晰、耦合性低。考虑系统的可伸缩性和性能要求，选择合适的负载均衡和缓存策略。

在进行系统设计时，需要综合考虑企业的业务需求、技术环境和预算限制，以确保设计的系统既满足功能需求，又具有高性能、高可用性和高安全性。同时，系统设计文档应详细记录设计决策和方案，为开发团队提供清晰的指导。企业员工管理系统是一种用于管理企业内部员工信息的系统，它通常包括员工个人信息、工作表现、考勤记录、薪资福利等多方面的管理功能。这样的系统对于提高企业管理效率、优化人力资源配置以及增强企业内部沟通协作具有重要意义。

具体来说，企业员工管理系统可能包含以下几个关键功能：

① 员工信息管理：存储和管理员工的个人资料，如姓名、性别、出生日期、联系方式、家庭地址、教育背景、工作经验等。

② 考勤管理：记录员工的上下班时间、请假、加班等情况，以及自动计算考勤结果。

③ 薪酬管理：处理员工的工资、奖金、福利、社会保险等薪资相关的事务。

④ 绩效管理：设定工作目标，跟踪员工的工作进度和成果，进行绩效考核。

⑤ 培训与发展管理：规划和管理员工的培训计划，记录培训过程和结果，促进员工职业发展。

⑥ 通讯录功能：提供内部通讯录，方便员工之间的沟通交流。

⑦ 报表统计：生成各种管理报表，如人力资源状况、薪酬发放情况、考勤统计等，辅助决策。

在设计和实现企业员工管理系统时，需要考虑系统的架构、技术选型、文档编写和系统测试等方面。系统架构需要稳定可靠，技术选型要符合企业实际情况，文档要齐全规范，系统测试要全面细致，确保系统投入使用后能够稳定运行。

此外，随着信息技术的发展，现代企业员工管理系统还可能集成更多先进的技术，如人工智能、大数据分析等，以进一步提升管理的智能化和精细化水平。同时，保护员工隐私和企业敏感数据的安全也是系统设计时必须考虑的重要因素。

2. *数据库设计*

根据需求分析结果设计数据库模型，包括数据表结构、关系和索引。确保数据的一致性、完整性和安全性。考虑未来的数据增长和可能的扩展需求。

企业员工管理系统的数据库设计是确保系统能够高效、安全地存储和检索数据的关键部分。以下是数据库设计的一些主要步骤和考虑因素：

（1）需求分析

从系统需求中提取出数据需求，确定需要存储哪些数据。了解业务流程，以便设计能够支持这些流程的数据库结构。

（2）概念模型设计

创建实体 - 关系图（E-R 图），标识实体、属性和实体之间的关系。确定实体之间的关联性，如一对一、一对多或多对多关系。

（3）逻辑模型设计

将概念模型转换为逻辑模型，选择适合的数据库管理系统。定义表结构，包括字段名称、数据类型、约束等。设计索引，以提高查询效率。

（4）规范化

对数据库进行规范化，以消除数据冗余和更新异常。应用规范化原则，如第一范式（1NF）、第二范式（2NF）和第三范式（3NF）等。

（5）安全性设计

设计用户角色和权限，确保只有授权用户才能访问敏感数据。实施数据加密措施，保护敏感信息，如密码和个人身份信息。

（6）物理模型设计

根据逻辑模型和性能要求，设计物理存储结构。考虑分区、分片等策略，以提高数据库的性能和可扩展性。

（7）反规范化

在必要时进行反规范化，以提高特定查询的性能。添加冗余列或创建汇总表，以减少复杂的连接操作。

（8）数据完整性和一致性

设计触发器、存储过程和事务，以确保数据的完整性和一致性。实施外键约束和检查约束，以防止无效数据的插入。

（9）备份与恢复策略

设计数据库的备份策略，定期备份数据，以防数据丢失或损坏。制订恢复计划，以便在发生灾难性事件时能够迅速恢复数据库的运行。

（10）性能优化

分析查询模式，优化慢查询。调整索引和查询逻辑，以提高性能。

（11）文档和维护

记录数据库设计决策和变更历史。定期维护数据库，如更新统计信息、重建索引等。

在进行数据库设计时，需要综合考虑系统的业务需求、性能要求、安全性和未来的扩展性。设计过程中可能需要多次迭代和调整，以确保数据库结构既满足当前的需求，又具有良好的灵活性和可维护性。

3. 用户界面设计

设计直观、易用的用户界面，提高用户体验。确保界面布局合理，操作流程简单明了。考虑跨平台兼容性，如适应不同分辨率和设备。

4. 业务逻辑设计

实现系统的核心功能，如员工信息管理、考勤记录处理、薪酬计算等。确保业务逻辑的正确性和稳定性。设计灵活的业务规则引擎，以适应可能的业务变化。

5. 安全性设计

实现用户认证和授权机制，确保只有授权用户可以访问敏感数据和功能。设计数据加密和安全通信协议，保护数据传输的安全。考虑审计日志和监控措施，以便追踪和预防安全事件。

6. 系统集成设计

如果需要与其他系统集成，设计标准化的接口和协议。考虑数据同步和一致性问题，确保集成的稳定性和准确性。

7. 测试策略设计

制定详细的测试计划，包括单元测试、集成测试、性能测试和安全测试等。设计测试用例和自动化测试脚本，确保覆盖所有关键功能和场景。

8. 部署和维护策略设计

设计系统的部署架构，如使用容器化部署、云服务等。考虑系统的监控和告警机制，以便及时发现和处理问题。规划系统的备份和恢复策略，确保数据的安全和可靠。

7.2.3 开发环境准备

企业员工管理系统的开发环境是指用于开发、测试和部署该系统的软件和硬件环境。选择合适的开发环境对于提高开发效率、确保系统质量和简化维护工作至关重要。以下是构建企业员工管理系统开发环境时可能需要考虑的一些要素：

1. 编程语言和框架

根据系统需求和开发团队的技能选择编程语言，如 Java、C#、Python 等。

选择合适的开发框架，如 Spring Boot、.NET Core、Django 等，以提高开发效率和代码质量。

2. 集成开发环境

选择功能强大的 IDE，如 IntelliJ IDEA、Visual Studio、Eclipse 等，以支持代码编写、调试和版本控制。

确保 IDE 具有良好的代码分析和重构工具，以提高开发效率。

3. 版本控制系统

使用版本控制系统，如 Git、SVN 等，以管理代码变更历史和协作开发。考虑使用代码托管平台，如 GitHub、GitLab、Bitbucket 等，以便于代码共享和团队协作。

4. 数据库管理系统

根据系统需求和预算选择数据库管理系统，如 MySQL、PostgreSQL、Oracle、SQL Server 等。选择合适的数据库工具，如 phpMyAdmin、SQL Server Management Studio 等，以便于数据库管理和开发。

5. 前端技术栈

如果系统需要 Web 界面或移动应用，选择适合的前端技术，如 HTML、CSS、JavaScript、React、Angular、Vue.js 等。

考虑使用前端开发框架和库，如 Bootstrap、Material-UI 等，以提高界面开发的一致性和效率。

6. 服务器和部署环境

选择适合的服务器硬件或云服务提供商，如 AWS、Azure、Google Cloud 等。

考虑使用容器化技术，如 Docker、Kubernetes 等，以提高部署的灵活性和可扩展性。

7. 测试工具

选择自动化测试工具，如 JUnit、Selenium、Mocha 等，以提高测试效率和覆盖率。考虑使用 CI/CD 工具，如 Jenkins、Travis CI、GitLab CI 等，以自动化构建和测试过程。

8. 安全工具

使用安全扫描工具，如 OWASP ZAP、SonarQube 等，以检测潜在的安全漏洞。实施代码审计和代码质量检查，以确保代码的安全性和可维护性。

9. 备份和恢复工具

选择适合的数据备份工具，以确保数据的安全和完整性。制订数据恢复计划，以应对可能的数据丢失或损坏情况。

10. 监控和日志工具

使用系统监控工具，如 Nagios、Zabbix 等，以监控系统的性能和健康状况。使用日志管理工具，如 ELK Stack（Elasticsearch、Logstash、Kibana）、Splunk 等，以便于日志收集、分析和故障排查。

在选择开发环境时，需要综合考虑项目需求、团队技能、预算限制和未来的技术路线图。此外，开发环境应该具有良好的文档支持和社区资源，以便在遇到问题时能够快速找到解决方案。

7.2.4 实现细节

企业员工管理系统的编码实现是将设计阶段的概念转化为实际可运行的软件的过程。这通常涉及多个开发角色和多种技术栈。以下是编码实现过程中涉及的一些关键步骤和技术选择：

1. *后端实现*

（1）搭建开发环境

设置开发语言环境，如 Java、Python、C# 等。安装所需的开发库和框架，如 Spring Boot、Django、.NET Core 等。

（2）搭建数据库环境

安装并配置数据库服务器，如 MySQL、PostgreSQL、Oracle 等。创建数据库模式，建立表结构、索引和视图。

（3）编写数据访问层

使用 ORM（对象关系映射）工具或纯 SQL 编写数据持久化代码。实现数据查询、插入、更新和删除的操作。

编写数据访问层（DAO）是企业员工管理系统中的关键步骤之一。DAO 负责与数据库进行交互，执行数据的查询、插入、更新和删除操作。

在编写 DAO 时，可以选择使用 ORM 工具或纯 SQL 来实现数据持久化代码。ORM 工具可以将对象模型映射到数据库表，并提供一种方便的方式来执行数据库操作。而纯 SQL 则直接使用 SQL 语句来执行数据库操作。

以下是代码展示了使用 Java 和 Hibernate ORM 框架编写一个员工管理的 DAO：

````
```java
import org.hibernate.Session;
import org.hibernate.SessionFactory;
import org.hibernate.Transaction;
import org.hibernate.cfg.Configuration;

public class EmployeeDao {
    private static SessionFactory sessionFactory;
````
````

```
    static {
        try {
            sessionFactory = new Configuration().configure().
buildSessionFactory();
        } catch (Throwable ex) {
            throw new ExceptionInInitializerError(ex);
        }
    }

    public void addEmployee(Employee employee) {
        Session session = sessionFactory.openSession();
        Transaction transaction = null;

        try {
            transaction = session.beginTransaction();
            session.save(employee);
            transaction.commit();
        } catch (RuntimeException e) {
            if (transaction != null) {
                transaction.rollback();
            }
            throw e;
        } finally {
            session.close();
        }
    }

    public List<Employee> getAllEmployees() {
        Session session = sessionFactory.openSession();
        List<Employee> employees = session.createQuery("FROM
Employee").list();
        session.close();
        return employees;
    }

    public void updateEmployee(Employee employee) {
        Session session = sessionFactory.openSession();
        Transaction transaction = null;

        try {
            transaction = session.beginTransaction();
            session.update(employee);
            transaction.commit();
        } catch (RuntimeException e) {
```

```
            if (transaction != null) {
                transaction.rollback();
            }
            throw e;
        } finally {
            session.close();
        }
    }

    public void deleteEmployee(int employeeId) {
        Session session = sessionFactory.openSession();
        Transaction transaction = null;

        try {
            transaction = session.beginTransaction();
            Employee employee = (Employee) session.get(Employee.
class, employeeId);
            session.delete(employee);
            transaction.commit();
        } catch (RuntimeException e) {
            if (transaction != null) {
                transaction.rollback();
            }
            throw e;
        } finally {
            session.close();
        }
    }
}
```

上述示例中，我们使用了 Hibernate ORM 框架来管理数据库连接和事务处理。通过 addEmployee 方法可以添加新的员工记录，getAllEmployees 方法可以获取所有员工的列表，updateEmployee 方法可以更新员工信息，deleteEmployee 方法可以根据员工 ID 删除员工记录。

当然，这只是一个简单的示例，实际的企业员工管理系统可能需要更复杂的数据访问逻辑和更多的功能。但这个示例可以帮助你理解如何编写数据访问层的代码，并使用 ORM 工具或纯 SQL 来实现数据的持久化操作。

（4）实现业务逻辑层

编写处理业务规则和逻辑的代码，如计算工资、记录考勤等。实现事务管理，确保数据的一致性。

业务逻辑层（service）是企业员工管理系统中负责处理业务规则和逻辑的组件。它位于数据访问层和表示层（controller）之间，用于实现具体的业务功能。

在编写业务逻辑层的代码时，需要根据系统的需求和业务规则来设计和实现相应的方法。以下是一些常见的业务逻辑示例：

① 计算工资：根据员工的基本信息、工作时长、加班情况等来计算员工的工资。这可能涉及到各种工资计算规则和税率。

② 记录考勤：根据员工的出勤情况，记录员工的上下班时间、请假、迟到早退等信息。这可能需要与数据库中的考勤表进行交互，并确保数据的一致性。

③ 生成报表：根据业务需求，生成各种报表，如员工薪资报表、考勤报表等。这可能需要对数据库中的数据进行聚合和统计操作。

④ 权限管理：根据用户的角色和权限，控制用户对系统功能的访问权限。这可能需要与数据库中的用户表进行交互，并验证用户的权限。

⑤ 事务管理：确保数据的一致性和完整性。在执行一系列相关的数据库操作时，使用事务来保证这些操作要么全部成功，要么全部失败。

以下代码展示了使用 Java 编写一个员工管理的 Service 类：

```java
import org.springframework.beans.factory.annotation.Autowired;
import org.springframework.stereotype.Service;
import org.springframework.transaction.annotation.Transactional;

@Service
public class EmployeeService {
    private final EmployeeDao employeeDao;

    @Autowired
    public EmployeeService(EmployeeDao employeeDao) {
        this.employeeDao = employeeDao;
    }

    @Transactional
    public void addEmployee(Employee employee) {
        // 添加员工的逻辑
        employeeDao.addEmployee(employee);
    }

    public List<Employee> getAllEmployees() {
        // 获取所有员工的逻辑
        return employeeDao.getAllEmployees();
```

```
    }

    @Transactional
    public void updateEmployee(Employee employee) {
        // 更新员工信息的逻辑
        employeeDao.updateEmployee(employee);
    }

    @Transactional
    public void deleteEmployee(int employeeId) {
        // 删除员工的逻辑
        employeeDao.deleteEmployee(employeeId);
    }
}
```

上述示例中，我们使用了 Spring 框架来实现业务逻辑层的代码。通过 @Service 注解将该类标记为一个服务组件，并通过 @Autowired 注解自动注入了数据访问层的 DAO 对象。然后，我们定义了一些方法来处理不同的业务逻辑，如添加员工、获取所有员工、更新员工信息和删除员工。同时，我们使用 @Transactional 注解来确保事务的一致性。

这个示例可以帮助你理解如何编写业务逻辑层的代码，并处理业务规则和逻辑。

（5）编写 API 接口

设计 RESTful API 或 GraphQL 接口，以供前端调用。实现请求处理逻辑，包括验证、授权、错误处理等。

为了实现一个企业员工管理系统的 API 接口，我们可以使用 Python 的 Flask 框架。以下是一个简单的示例：

① 首先，安装 Flask 库：

```bash
pip install flask
```

② 创建一个名为 app.py 的文件，并编写以下代码：

```python
from flask import Flask, request, jsonify
from functools import wraps

app = Flask(__name__)
```

```
# 模拟用户数据
users = {
    "user1": {"password": "password1", "role": "admin"},
    "user2": {"password": "password2", "role": "user"},
}

# 验证函数
def authenticate(username, password):
    user = users.get(username)
    if user and user["password"] == password:
        return user
    return None

# 授权装饰器
def authorize(role):
    def decorator(f):
        @wraps(f)
        def decorated_function(*args, **kwargs):
            auth = request.authorization
            if not auth or not auth.username or not auth.password:
                return jsonify({"message": "缺少认证信息"}), 401

            user = authenticate(auth.username, auth.password)
            if not user or user["role"] != role:
                return jsonify({"message": "权限不足"}), 403

            return f(*args, **kwargs)
        return decorated_function
    return decorator

# API 接口
@app.route("/api/employees", methods=["GET"])
@authorize("admin")
def get_employees():
    # 这里可以添加获取员工数据的代码，例如从数据库中查询
    return jsonify({"employees": "这是受保护的员工数据"})

# 错误处理
@app.errorhandler(404)
def not_found(error):
    return jsonify({"message": "资源未找到"}), 404

@app.errorhandler(500)
def internal_server_error(error):
```

```python
        return jsonify({"message": "服务器内部错误"}), 500

if __name__ == "__main__":
    app.run(debug=True)
```

在这个示例中，我们创建了一个简单的 RESTful API 接口，该接口需要管理员权限才能访问。我们使用了 Flask 的装饰器来实现验证和授权功能。当用户尝试访问受保护的资源时，他们需要在请求头中提供有效的用户名和密码。如果验证成功并且用户具有所需的角色，他们将能够访问资源。否则，将返回适当的错误消息。

（6）集成安全性

实现用户认证机制，如 JWT（JSON Web Tokens）或 OAuth2。实现权限检查，确保只有授权用户可以访问敏感资源。

为了实现企业员工管理系统的集成安全性，我们可以使用 JWT 进行用户认证，并使用 OAuth2 进行权限检查。以下是一个简单的示例：

① 安装 Flask-JWT-Extended 库：

```bash
pip install flask-jwt-extended
```

② 修改 app.py 文件，添加 JWT 和 OAuth2 相关的代码：

```python
from flask import Flask, request, jsonify
from functools import wraps
from flask_jwt_extended import JWTManager, jwt_required, create_access_token, get_jwt_identity

app = Flask(__name__)
app.config["JWT_SECRET_KEY"] = "your-secret-key"  # 设置一个密钥，用于加密 JWT
jwt = JWTManager(app)

# 模拟用户数据
users = {
    "user1": {"password": "password1", "role": "admin"},
    "user2": {"password": "password2", "role": "user"},
}

# 验证函数
def authenticate(username, password):
    user = users.get(username)
```

```
    if user and user["password"] == password:
        return user
    return None

# 授权装饰器
def authorize(role):
    def decorator(f):
        @wraps(f)
        def decorated_function(*args, **kwargs):
            auth = request.authorization
            if not auth or not auth.username or not auth.password:
                return jsonify({"message": "缺少认证信息"}), 401

            user = authenticate(auth.username, auth.password)
            if not user or user["role"] != role:
                return jsonify({"message": "权限不足"}), 403

            return f(*args, **kwargs)
        return decorated_function
    return decorator

# API 接口
@app.route("/api/login", methods=["POST"])
def login():
    username = request.json.get("username")
    password = request.json.get("password")
    user = authenticate(username, password)
    if user:
        access_token = create_access_token(identity=username)
        return jsonify({"access_token": access_token}), 200
    else:
        return jsonify({"message": "用户名或密码错误"}), 401

@app.route("/api/employees", methods=["GET"])
@jwt_required()                    # 需要 JWT 认证才能访问此资源
@authorize("admin")                # 需要管理员权限才能访问此资源
def get_employees():
    # 这里可以添加获取员工数据的代码，例如从数据库中查询
    return jsonify({"employees": "这是受保护的员工数据"})

# 错误处理
@app.errorhandler(404)
def not_found(error):
    return jsonify({"message": "资源未找到"}), 404
```

```
@app.errorhandler(500)
def internal_server_error(error):
    return jsonify({"message": "服务器内部错误"}), 500

if __name__ == "__main__":
    app.run(debug=True)
```
```

在这个示例中，我们使用了 Flask-JWT-Extended 库来实现 JWT 认证。用户可以通过发送 POST 请求到 /api/login 接口进行登录，如果登录成功，将返回一个 JWT 令牌。然后，用户可以在后续的请求头中使用这个令牌来访问受保护的资源。我们还使用了装饰器来实现权限检查，确保只有具有相应角色的用户才能访问敏感资源。

（7）编写单元测试和集成测试

对每个组件和方法编写测试用例，确保它们按预期工作。进行集成测试，确保各个模块协同工作无误。

为了编写企业员工管理系统的单元测试和集成测试代码，我们可以使用 Python 的 unittest 库。以下是一个简单的示例：

① 首先，安装 unittest 库：

````
```bash
pip install unittest
```
````

② 创建一个名为 test_employee_manager.py 的文件，并编写以下代码：

````
```python
import unittest
from employee_manager import EmployeeManager, Employee

class TestEmployeeManager(unittest.TestCase):

    def setUp(self):
        self.employee_manager = EmployeeManager()

    def test_add_employee(self):
        employee = Employee("张三", "开发工程师")
        self.employee_manager.add_employee(employee)
        self.assertIn(employee, self.employee_manager.employees)

    def test_remove_employee(self):
        employee = Employee("李四", "测试工程师")
````

~~~~
        self.employee_manager.add_employee(employee)
        self.employee_manager.remove_employee(employee)
        self.assertNotIn(employee, self.employee_manager.employees)

    def test_get_employee_by_name(self):
        employee = Employee("王五", "产品经理")
        self.employee_manager.add_employee(employee)
        result = self.employee_manager.get_employee_by_name("王五")
        self.assertEqual(result, employee)

if __name__ == "__main__":
    unittest.main()
```
~~~~

在这个示例中，我们编写了三个测试用例：test_add_employee、test_remove_employee 和 test_get_employee_by_name。这些测试用例分别测试了添加员工、删除员工和根据姓名查找员工的功能。

要运行测试，请在命令行中执行以下命令：

~~~~
```bash
python -m unittest test_employee_manager.py
```
~~~~

如果所有测试用例都通过，你将看到类似以下的输出：

~~~~
```
...
----------------------------------------------------------------------
Ran 3 tests in 0.001s

OK
```
~~~~

2. 前端实现

（1）搭建前端开发环境

安装前端开发框架，如 React、Angular、Vue.js 等。配置构建工具，如 Webpack、Gulp 等。

（2）设计用户界面

根据设计稿实现页面布局和样式。使用 HTML、CSS、JavaScript 或前端框架编写交互式界面。

为了实现企业员工管理系统的设计用户界面，我们可以使用 HTML、CSS 和 JavaScript 来编写代码。以下是一个简单的示例：

① 创建一个名为 index.html 的文件，并编写以下代码：

````
```html
<!DOCTYPE html>
<html lang="zh">
<head>
    <meta charset="UTF-8">
    <meta name="viewport" content="width=device-width, initial-
scale=1.0">
    <title>企业员工管理系统</title>
    <link rel="stylesheet" href="styles.css">
</head>
<body>
    <header>
        <h1>企业员工管理系统</h1>
    </header>
    <main>
        <section id="employee-list">
            <h2>员工列表</h2>
            <table>
                <thead>
                    <tr>
                        <th>姓名</th>
                        <th>职位</th>
                        <th>操作</th>
                    </tr>
                </thead>
                <tbody>
                    <!-- 员工数据将在这里显示 -->
                </tbody>
            </table>
        </section>
        <section id="add-employee">
            <h2>添加员工</h2>
            <form>
                <label for="name">姓名：</label>
                <input type="text" id="name" required>
                <br>
                <label for="position">职位：</label>
                <input type="text" id="position" required>
                <br>
                <button type="submit">添加</button>
            </form>
        </section>
    </main>
````
````

```
    <script src="scripts.js"></script>
</body>
</html>
```
```

② 创建一个名为 styles.css 的文件，并编写以下代码：

```
```css
body {
    font-family: Arial, sans-serif;
    margin: 0;
    padding: 0;
}

header {
    background-color: #4CAF50;
    color: white;
    text-align: center;
    padding: 1em;
}

main {
    display: flex;
    justify-content: space-around;
    padding: 2em;
}

table {
    border-collapse: collapse;
    width: 100%;
}

th, td {
    border: 1px solid #ddd;
    padding: 8px;
    text-align: left;
}

th {
    background-color: #f2f2f2;
}

form {
    display: flex;
    flex-direction: column;
}
```

~~~~
label, input {
    margin-bottom: 1em;
}
```
~~~~

③ 创建一个名为 scripts.js 的文件，并编写以下代码：

~~~~
```javascript
document.addEventListener('DOMContentLoaded', function() {
    const employeeList = document.getElementById('employee-list');
    const addEmployeeForm = document.getElementById('add-employee').
querySelector('form');

    // 添加员工事件监听器
    addEmployeeForm.addEventListener('submit', function(event) {
        event.preventDefault();
        const nameInput = document.getElementById('name');
        const positionInput = document.getElementById('position');
        const name = nameInput.value;
        const position = positionInput.value;

        // 创建新的员工行并将其添加到表格中
        const newRow = document.createElement('tr');
        newRow.innerHTML = `
            <td>${name}</td>
            <td>${position}</td>
            <td><button class="delete-btn">删除</button></td>
        `;
        employeeList.querySelector('tbody').appendChild(newRow);

        // 清空输入框
        nameInput.value = '';
        positionInput.value = '';
    });

    // 删除员工事件监听器
    employeeList.addEventListener('click', function(event) {
        if (event.target.classList.contains('delete-btn')) {
            event.target.parentElement.parentElement.remove();
        }
    });
});
```
~~~~

这个示例实现了一个简单的企业员工管理系统的用户界面，包括员工列表和添加员工的表单。可以根据设计稿进一步完善和优化界面。

（3）实现表单和列表

编写表单组件，用于输入和编辑员工信息。实现列表组件，展示员工数据。

为了实现企业员工管理系统的表单和列表组件，我们可以使用 HTML、CSS 和 JavaScript 来编写代码。以下是一个简单的示例：

① 创建一个名为 index.html 的文件，并编写以下代码：

````
```html
<!DOCTYPE html>
<html lang="zh">
<head>
    <meta charset="UTF-8">
    <meta name="viewport" content="width=device-width, initial-
scale=1.0">
    <title> 企业员工管理系统 </title>
    <link rel="stylesheet" href="styles.css">
</head>
<body>
    <header>
        <h1> 企业员工管理系统 </h1>
    </header>
    <main>
        <section id="employee-list">
            <h2> 员工列表 </h2>
            <table>
                <thead>
                    <tr>
                        <th> 姓名 </th>
                        <th> 职位 </th>
                        <th> 操作 </th>
                    </tr>
                </thead>
                <tbody>
                    <!-- 员工数据将在这里显示 -->
                </tbody>
            </table>
        </section>
        <section id="add-employee">
            <h2> 添加员工 </h2>
            <form>
                <label for="name"> 姓名: </label>
                <input type="text" id="name" required>
````
````

```
                    <br>
                    <label for="position">职位：</label>
                    <input type="text" id="position" required>
                    <br>
                    <button type="submit">添加</button>
                </form>
            </section>
    </main>
    <script src="scripts.js"></script>
</body>
</html>
```

② 创建一个名为 styles.css 的文件，并编写以下代码：

```css
body {
    font-family: Arial, sans-serif;
    margin: 0;
    padding: 0;
}

header {
    background-color: #4CAF50;
    color: white;
    text-align: center;
    padding: 1em;
}

main {
    display: flex;
    justify-content: space-around;
    padding: 2em;
}

table {
    border-collapse: collapse;
    width: 100%;
}

th, td {
    border: 1px solid #ddd;
    padding: 8px;
    text-align: left;
}
```

```
th {
    background-color: #f2f2f2;
}

form {
    display: flex;
    flex-direction: column;
}

label, input {
    margin-bottom: 1em;
}
```
```

③ 创建一个名为 scripts.js 的文件，并编写以下代码：

```
```javascript
document.addEventListener('DOMContentLoaded', function() {
    const employeeList = document.getElementById('employee-list');
    const addEmployeeForm = document.getElementById('add-employee').
querySelector('form');

    // 添加员工事件监听器
    addEmployeeForm.addEventListener('submit', function(event) {
        event.preventDefault();
        const nameInput = document.getElementById('name');
        const positionInput = document.getElementById('position');
        const name = nameInput.value;
        const position = positionInput.value;

        // 创建新的员工行并将其添加到表格中
        const newRow = document.createElement('tr');
        newRow.innerHTML = `
            <td>${name}</td>
            <td>${position}</td>
            <td><button class="delete-btn"> 删除 </button></td>
        `;
        employeeList.querySelector('tbody').appendChild(newRow);

        // 清空输入框
        nameInput.value = '';
        positionInput.value = '';
    });

    // 删除员工事件监听器
    employeeList.addEventListener('click', function(event) {
```

```
        if (event.target.classList.contains('delete-btn')) {
            event.target.parentElement.parentElement.remove();
        }
    });
});
```
```

这个示例实现了一个简单的企业员工管理系统的用户界面，包括员工列表和添加员工的表单。你可以根据设计稿进一步完善和优化界面。

（4）与后端 API 集成

使用 Ajax 或 Fetch API 与后端进行数据交互。处理 API 响应，更新界面内容。

为了实现企业员工管理系统与后端 API 的集成，我们可以使用 JavaScript 中的 Ajax 或 Fetch API 来发送 HTTP 请求并处理响应。以下是一个简单的示例：

① 创建一个名为 index.html 的文件，并编写以下代码：

```
```html
<!DOCTYPE html>
<html lang="zh">
<head>
    <meta charset="UTF-8">
    <meta name="viewport" content="width=device-width, initial-
scale=1.0">
    <title>企业员工管理系统</title>
    <link rel="stylesheet" href="styles.css">
</head>
<body>
    <header>
        <h1>企业员工管理系统</h1>
    </header>
    <main>
        <section id="employee-list">
            <h2>员工列表</h2>
            <table>
                <thead>
                    <tr>
                        <th>姓名</th>
                        <th>职位</th>
                        <th>操作</th>
                    </tr>
                </thead>
                <tbody>
                    <!-- 员工数据将在这里显示 -->
                </tbody>
```

~~~
            </table>
        </section>
        <section id="add-employee">
            <h2>添加员工</h2>
            <form>
                <label for="name">姓名：</label>
                <input type="text" id="name" required>
                <br>
                <label for="position">职位：</label>
                <input type="text" id="position" required>
                <br>
                <button type="submit">添加</button>
            </form>
        </section>
    </main>
    <script src="scripts.js"></script>
</body>
</html>
```
~~~

② 创建一个名为 styles.css 的文件，并编写以下代码：

~~~
```css
body {
    font-family: Arial, sans-serif;
    margin: 0;
    padding: 0;
}

header {
    background-color: #4CAF50;
    color: white;
    text-align: center;
    padding: 1em;
}

main {
    display: flex;
    justify-content: space-around;
    padding: 2em;
}

table {
    border-collapse: collapse;
    width: 100%;
}
~~~

```
    th, td {
        border: 1px solid #ddd;
        padding: 8px;
        text-align: left;
    }

    th {
        background-color: #f2f2f2;
    }

    form {
        display: flex;
        flex-direction: column;
    }

    label, input {
        margin-bottom: 1em;
    }
    ```
```

③ 创建一个名为 scripts.js 的文件，并编写以下代码：

```
    ```javascript
    document.addEventListener('DOMContentLoaded', function() {
        const employeeList = document.getElementById('employee-list');
        const addEmployeeForm = document.getElementById('add-employee').
querySelector('form');

        // 获取员工数据并更新表格内容
        function updateEmployeeList() {
            fetch('/api/employees')              // 替换为你的 API 端点
                .then(response => response.json())
                .then(data => {
                    const tbody = employeeList.querySelector('tbody');
                    tbody.innerHTML = '';        // 清空表格内容
                    data.forEach(employee => {
                        const newRow = document.createElement('tr');
                        newRow.innerHTML = `
                            <td>${employee.name}</td>
                            <td>${employee.position}</td>
                            <td><button class="delete-btn">删除</
button></td>
                        `;
                        tbody.appendChild(newRow);
                    });
```

```
            })
            .catch(error => console.error('Error:', error));
    }

    // 添加员工事件监听器
    addEmployeeForm.addEventListener('submit', function(event) {
        event.preventDefault();
        const nameInput = document.getElementById('name');
        const positionInput = document.getElementById('position');
        const name = nameInput.value;
        const position = positionInput.value;

        // 发送 POST 请求添加员工到后端 API
        fetch('/api/employees', {    // 替换为你的 API 端点
            method: 'POST',
            headers: {
                'Content-Type': 'application/json'
            },
            body: JSON.stringify({ name, position })
        })
        .then(response => response.json())
        .then(data => {
            // 更新员工列表
            updateEmployeeList();
        })
        .catch(error => console.error('Error:', error));

        // 清空输入框
        nameInput.value = '';
        positionInput.value = '';
    });

    // 删除员工事件监听器
    employeeList.addEventListener('click', function(event) {
        if (event.target.classList.contains('delete-btn')) {
            const row = event.target.parentElement.parentElement;
            const name = row.cells[0].textContent;
            const position = row.cells[1].textContent;

            // 发送 DELETE 请求从后端 API 删除员工
            fetch(`/api/employees?name=${encodeURIComponent(name)
}&position=${encodeURIComponent(position)}`, { // 替换为你的 API 端点
                method: 'DELETE'
            })
            .then(response => response.json())
```

````
                .then(data => {
                    // 更新员工列表
                    updateEmployeeList();
                })
                .catch(error => console.error('Error:', error));
            }
        });

        // 初始化员工列表
        updateEmployeeList();
    });
    ```
````

这个示例实现了一个简单的企业员工管理系统的用户界面，包括员工列表和添加员工的表单。它使用 Fetch API 与后端 API 进行数据交互，发送 GET、POST 和 DELETE 请求来获取、添加和删除员工数据。你可以根据设计稿进一步完善和优化界面。

（5）添加路由和导航

实现单页应用（SPA）的路由管理，如使用 React Router、Vue Router 等。添加导航链接和按钮，实现页面间的跳转。

为了实现企业员工管理系统的路由和导航功能，我们可以使用前端框架（如 React、Vue 或 Angular）来管理路由和页面之间的导航。以下是一个简单的示例：

① 创建一个名为 index.html 的文件，并编写以下代码：

````
```html
<!DOCTYPE html>
<html lang="zh">
<head>
    <meta charset="UTF-8">
    <meta name="viewport" content="width=device-width, initial-
scale=1.0">
    <title>企业员工管理系统</title>
    <link rel="stylesheet" href="styles.css">
</head>
<body>
    <header>
        <h1>企业员工管理系统</h1>
    </header>
    <main>
        <nav>
            <ul>
                <li>首页</li>
````

```
                <li>员工列表</li>
                <li>添加员工</li>
            </ul>
        </nav>
        <div id="content">
            <!-- 页面内容将在这里显示 -->
        </div>
    </main>
    <script src="scripts.js"></script>
</body>
</html>
```

②创建一个名为 styles.css 的文件，并编写以下代码：

```css
body {
    font-family: Arial, sans-serif;
    margin: 0;
    padding: 0;
}

header {
    background-color: #4CAF50;
    color: white;
    text-align: center;
    padding: 1em;
}

nav {
    background-color: #f2f2f2;
    padding: 1em;
}

nav ul {
    list-style-type: none;
    padding: 0;
}

nav li {
    display: inline;
    margin-right: 1em;
}

nav a {
    text-decoration: none;
```

```
    color: #333;
}

nav a:hover {
    color: #4CAF50;
}

main {
    padding: 2em;
}
```
```

③ 创建一个名为 scripts.js 的文件，并编写以下代码：

```
```javascript
document.addEventListener('DOMContentLoaded', function() {
    const content = document.getElementById('content');
    const navLinks = document.querySelectorAll('nav a');

    // 处理导航链接点击事件
    navLinks.forEach(link => {
        link.addEventListener('click', function(event) {
            event.preventDefault();
            const href = this.getAttribute('href');
            loadPage(href);
        });
    });

    // 加载页面内容
    function loadPage(page) {
        fetch(page)             // 替换为你的 API 端点或静态文件路径
            .then(response => response.text())
            .then(data => {
                content.innerHTML = data;
            })
            .catch(error => console.error('Error:', error));
    }

    // 初始化加载首页内容
    loadPage('/');
});
```
```

这个示例实现了一个简单的企业员工管理系统的用户界面，包括导航栏和页面内容的加载。它使用 JavaScript 中的 Fetch API 从后端 API 或静态文件加载页面内容。你可以根据设计稿进一步完善和优化界面。
```

（6）进行界面测试

确保所有界面元素在不同设备和浏览器上表现一致。进行用户交互测试，确保操作流畅无误。

3. 安全性和性能优化

（1）代码审查和安全扫描

审查代码，查找潜在的安全漏洞。使用安全扫描工具进行自动检测。

代码审查和安全扫描是软件开发过程中非常重要的环节，它们可以帮助开发人员发现潜在的问题和漏洞，提高软件的质量和安全性。

代码审查是一种通过人工或自动方式对代码进行评审的过程，目的是检查代码是否符合规范、是否存在逻辑错误、是否易于维护等。代码审查可以发现一些难以通过自动化测试发现的问题，例如代码风格不一致、命名不规范、冗余代码等。

安全扫描是一种通过自动化工具对软件进行安全漏洞扫描的过程，目的是发现软件中的安全漏洞，例如 SQL 注入、跨站脚本攻击（XSS）、跨站请求伪造（CSRF）等。安全扫描可以帮助开发人员及时发现并修复这些漏洞，提高软件的安全性。

（2）性能优化

分析系统瓶颈，优化慢查询和低效算法。实施缓存策略，减少数据库访问次数。

性能优化是软件开发过程中的一个重要环节，它旨在提高软件的响应速度、处理能力和资源利用率。在企业员工管理系统的开发中，性能优化可以从以下几个方面入手：

① 前端优化。

减小资源大小：压缩 CSS、JavaScript 文件和图片资源，减少 HTTP 请求的大小。

使用 CDN：通过内容分发网络（CDN）提供静态资源，减少服务器负载和延迟。

懒加载：对于图片和视频等资源，实现懒加载，即仅在用户滚动到视窗附近时才加载。

缓存优化：利用浏览器缓存机制，对不常变化的资源进行缓存。

减少 DOM 操作：减少不必要的 DOM 操作，批量更新 DOM，使用虚拟 DOM 技术（如 React）。

② 后端优化。

数据库优化：合理设计数据库索引，优化查询语句，减少数据库的读写次数。

缓存策略：使用内存缓存（如 Redis）来缓存热点数据，减少数据库访问。

并发处理：使用异步处理和多线程技术来提高请求的处理能力。

代码优化：优化算法和数据结构，减少不必要的计算和内存使用。

③ 网络优化。

减少 HTTP 请求：合并 CSS 和 JavaScript 文件，使用雪碧图等技术减少图片请求。

使用 HTTP/2：HTTP/2 支持多路复用，可以同时传输多个请求和响应，减少网络延迟。

WebSocket：对于实时通信需求，使用 WebSocket 代替轮询或长轮询。

④ 服务器和部署优化。

负载均衡：使用负载均衡器分散请求到多个服务器，避免单点过载。

自动扩展：根据系统负载动态调整服务器数量。

容器化和微服务：使用 Docker 和 Kubernetes 等技术，提高部署效率和系统的可伸缩性。

⑤ 安全性能优化。

输入验证：对用户输入进行验证，防止注入攻击。

加密通信：使用 HTTPS 加密数据传输，保护数据安全。

安全扫描和监控：定期进行安全扫描，监控系统安全事件。

性能优化是一个持续的过程，需要根据系统的运行情况和用户反馈不断调整和改进。在开发过程中，应该定期进行性能测试和分析，以便及时发现性能瓶颈并进行优化。

4. 部署准备

准备部署脚本和配置文件。设置环境变量和服务器配置。

在编码实现阶段，开发人员需要密切合作，遵循编码标准和最佳实践，以确保代码的质量和可维护性。同时，应该定期进行代码评审和重构，以提高系统的可读性和可扩展性。

7.3 智能校园导航应用

目标：构建一个移动应用，帮助学生和访客在校园内导航，查找建筑、教室和活动信息。

技术要点：结合 JavaEE 后端服务和 Android 或 iOS 前端开发，使用 RESTful Web 服务进行通信。

学习成果：学生将了解如何开发跨平台移动应用，并集成后端服务。

智能校园导航应用系统的设计与实现是一个综合性的项目，它结合了移动应用开发、位置服务、地图服务以及可能还包括室内定位技术和人工智能。以下是设计一个智能校园导航系统的基本步骤和组件。

7.3.1 需求分析

确定目标用户群体（学生、教职工、访客等）。收集功能需求，如路径规划、兴趣点搜索、实时导航提示、室内外导航、紧急求助等。考虑系统的可扩展性和安全性。

智能校园导航应用的需求分析报告是项目开发前期的关键文档之一，它帮助项目团队理解用户需求、确定功能范围，并为设计和开发提供指导。以下是撰写智能校园导航应用需求分析报告的大致结构和内容：

1. 引言

目的：说明编写需求分析报告的目的和预期读者。

背景：描述项目的起因、校园环境的特点和现有导航系统的不足。

定义：列出文档中使用的专业术语和缩写词的定义。

参考资料：提供相关的背景资料和参考文献。

2. 项目概述

目标：明确智能校园导航应用的总体目标和预期效果。

用户群体：描述目标用户（学生、教职工、访客等）的基本特征和需求。

假设和依赖关系：列出实现项目目标的前提条件和外部依赖。

3. 用户需求

（1）功能需求

路径规划：用户能够获取从当前位置到目的地的最佳路径。

兴趣点搜索：用户能够搜索校园内的地点，如教室、食堂、图书馆等。

实时导航：提供步行或骑行的实时导航提示。

室内外导航：支持室内地图和定位，特别对于大型校园设施。

紧急求助：用户可以快速报告紧急情况并获取帮助。

社交功能：允许用户分享位置和路线，评价兴趣点等。

（2）非功能需求

性能要求：应用响应时间、处理速度、并发用户数等性能标准。

安全性要求：数据加密、用户隐私保护、系统访问控制等安全标准。

可用性要求：界面友好、操作简便、易于理解和使用。

可靠性要求：系统稳定性、故障恢复能力等。

可维护性和可扩展性：系统应易于升级和维护。

4. 系统需求

系统架构：描述系统的硬件、软件架构和技术框架。

技术平台：指定开发工具、语言、数据库和其他技术的选择。

第三方服务：地图服务、定位服务等第三方服务的集成。

5. 界面需求

用户界面：详细描述用户界面的设计要求，包括屏幕布局、导航流程等。

硬件接口：如需要特定的硬件支持，描述硬件设备的接口要求。

软件接口：与其他系统（如学校管理系统）的接口要求。

6. 数据管理

数据收集：如何收集地图数据、兴趣点信息等。

数据处理：数据的存储、备份和恢复机制。

数据分析：对用户行为数据的分析需求。

7. 验收标准

测试标准：定义产品测试的标准和方法。

发布标准：产品发布前需要满足的条件。

8. 附录

需求变更记录：记录需求分析过程中的变更历史。

术语表：提供文档中使用的专业术语的解释。

图表：包括用例图、流程图、数据模型等辅助说明的图表。

9. 审核和批准

审核记录：记录需求分析报告的审核过程和结果。

批准签字：项目关键人员的签字，表示对需求分析报告的认可。

需求分析报告应该清晰、准确、完整，确保所有项目相关人员对需求有共同的理解。在撰写报告的过程中，可能需要与利益相关者（如校方管理层、IT 部门、学生代表等）进行多次沟通和讨论，以确保需求的准确性和可行性。

7.3.2 系统设计

1. 用户界面设计

创建直观、易用的 UI，适应不同用户的需求。

智能校园导航系统的用户界面设计需要考虑用户体验和易用性。以下是一个简单的用户界面设计示例，以及使用 HTML、CSS 和 JavaScript 实现的代码：

主屏幕：显示当前位置和目的地输入框，以及搜索按钮。

搜索结果列表：展示搜索到的地点，包括名称、距离和评分等信息。

路径规划结果：显示从起点到终点的最佳路径，包括步行或骑行的导航提示。

地图视图：显示校园地图，包括建筑物、道路和兴趣点等。

紧急求助按钮：用户可以点击该按钮报告紧急情况并获取帮助。

设置和账户信息：允许用户进行个性化设置和登录账户。

````
```html
<!DOCTYPE html>
<html lang="en">
<head>
    <meta charset="UTF-8">
    <meta name="viewport" content="width=device-width, initial-
scale=1.0">
    <title>智能校园导航系统</title>
    <link rel="stylesheet" href="styles.css">
</head>
<body>
    <div class="container">
        <h1>智能校园导航系统</h1>
        <input type="text" id="start" placeholder="起始地点">
        <input type="text" id="destination" placeholder="目的地">
        <button onclick="search()">搜索</button>
        <div id="results"></div>
        <div id="map"></div>
        <button onclick="emergencyHelp()">紧急求助</button>
    </div>
    <script src="script.js"></script>
</body>
</html>
```
````

````
```css
/* styles.css */
body {
````
````

````
        font-family: Arial, sans-serif;
        background-color: #f2f2f2;
    }

    .container {
        max-width: 800px;
        margin: 0 auto;
        padding: 20px;
        background-color: #fff;
        box-shadow: 0 0 10px rgba(0, 0, 0, 0.1);
    }

    input[type="text"] {
        width: 100%;
        padding: 10px;
        margin-bottom: 10px;
        border: 1px solid #ccc;
    }

    button {
        padding: 10px 20px;
        background-color: #007bff;
        color: #fff;
        border: none;
        cursor: pointer;
    }

    button:hover {
        background-color: #0056b3;
    }
    ```

    ```javascript
    // script.js
    function search() {
        // 实现搜索功能的逻辑，如调用地图 API 获取搜索结果并显示在页面上
    }

    function emergencyHelp() {
        // 实现紧急求助功能的逻辑，如发送紧急通知给相关人员
    }
    ```
````

以上代码仅为示例，实际开发中需要根据具体需求和技术栈进行设计和实现。同时，为了提供更好的用户体验，可以考虑添加动画效果、交互反馈等功能。
````

2. 系统架构设计

选择合适的客户端 - 服务器架构，确保高效的数据处理和传输。

智能校园导航系统的架构设计应该考虑系统的可扩展性、可靠性、性能和安全性。以下是一个概念性的系统架构设计，它包括了客户端、服务器端、数据存储、外部服务和安全机制等关键组成部分。

（1）客户端（client App）

移动应用：用于学生和教职工在智能手机上运行的原生或跨平台应用程序。

Web 应用：可选的网页版本，供用户在浏览器中访问。

（2）服务器端（backend server）

应用服务器：处理业务逻辑，如路径规划、POI 搜索、用户管理等。

API 网关：提供统一的 API 接口，并处理身份验证、授权、流量控制等。

WebSocket 服务器：实现实时通信，用于发送实时导航更新和紧急通知。

（3）数据存储（data storage）

关系型数据库：存储用户信息、POI 数据、路径历史等结构化数据。

NoSQL 数据库：存储非结构化数据，如用户日志、地图缓存等。

文件存储：存储地图图像、用户上传的内容等。

（4）外部服务（external services）

地图服务提供商：提供地图数据和 API，如 Google Maps、高德地图等。

定位服务提供商：提供室内外定位服务，可能包括 GPS 和 Wi-Fi/ 蓝牙信标。

消息推送服务：用于向用户发送通知，如短信或移动推送。

（5）安全机制（security mechanisms）

TLS/SSL：确保客户端与服务器之间的数据传输加密。

OAuth2/JWT：用于用户认证和授权。

防火墙和 IPS：保护服务器不受恶意攻击。

数据加密：敏感数据在存储前进行加密。

（6）网络和硬件（network and hardware）

CDN：内容分发网络，用于快速加载地图数据和其他静态资源。

负载均衡器：分配流量到不同的服务器，确保高可用性和负载均衡。

备份和灾难恢复：定期备份数据，确保系统可以从故障中恢复。

（7）设计原则和最佳实践

微服务架构：将不同的功能模块拆分成独立的服务，以提高系统的可维护性和可扩展性。

容错性设计：确保系统能够处理部分组件的故障而不会导致整个系统崩溃。

持续集成 / 持续部署：自动化代码的构建、测试和部署流程。

监控和日志记录：实施监控系统以跟踪性能指标，以及日志记录系统以便于问题排查。

用户体验（UX）设计：确保应用界面直观易用，提供流畅的导航体验。

在设计智能校园导航系统时，需要考虑到校园的具体需求和环境，例如室内外导航的需求、校园网络环境、用户群体的特点等。此外，设计过程中应该与利益相关者（如学生、教职工、IT 部门等）进行沟通，以确保系统满足实际需求并易于使用。

3. 数据库设计

设计存储校园地图信息、POI 数据、用户信息等的数据库。

智能校园导航系统的数据库设计需要考虑数据的结构、关系以及如何高效地存储和检索数据。以下是数据库设计的概述，包括可能的数据表及其字段：

（1）用户信息表（Users）

UserID（主键）

Username

PasswordHash

Email

Name

ContactNumber

UserType（学生、教职工等）

EnrollmentDate

LastLogin

（2）地点信息表（PointsOfInterest - POIs）

POIID（主键）

Name

Description

Category（教室、图书馆、食堂等）

Latitude

Longitude

ImageURL

OpeningHours

Capacity

（3）路径历史表（RouteHistory）

RouteID（主键）

UserID（外键，关联用户信息表）

StartPOIID（外键，关联地点信息表）

EndPOIID（外键，关联地点信息表）

StartTime

EndTime

DistanceTraveled

StepsCount

（4）收藏地点表（FavoritePOIs）

UserID（外键，关联用户信息表）

POIID（外键，关联地点信息表）

AddedDate

（5）用户反馈表（UserFeedback）

FeedbackID（主键）

UserID（外键，关联用户信息表）

POIID（外键，关联地点信息表）

Rating

Comment

SubmissionDate

（6）系统设置表（SystemSettings）

SettingID（主键）

Key

Value

Description

（7）紧急求助记录表（EmergencyRecords）

RecordID（主键）

UserID（外键，关联用户信息表）

Location

TimeStamp

Status（处理中、已解决等）

（8）数据库设计原则

归一化：确保数据库避免冗余，每个数据项只在一个地方存储。

索引：为常用的查询字段创建索引，以提高查询效率。

关系完整性：设置外键约束以维护数据之间的一致性。

安全性：对敏感数据（如密码）进行加密存储。

备份与恢复：定期备份数据，并确保可以快速恢复。

（9）技术选择

关系型数据库：如 PostgreSQL、MySQL、SQL Server 等，适用于结构化数据存储。

NoSQL 数据库：如 MongoDB、Cassandra 等，适用于非结构化数据或高性能需求。

搜索引擎：如 Elasticsearch，可用于快速搜索地点信息。

在设计数据库时，应该使用数据库建模工具来创建实体关系图（E-R 图），并编写详细的数据字典来描述每个表和字段的用途。此外，应该考虑未来的扩展性，预留足够的空间以适应可能的新功能或数据增长。

4. 地图和导航算法

集成地图服务，并实现有效的路径规划和导航算法。

智能校园导航系统的地图和导航算法是确保系统能够高效、准确地引导用户到达目的地的关键。以下是该系统涉及的地图处理和导航算法的核心内容：

（1）地图数据的获取和处理

地图数据采集：通常通过 GIS（地理信息系统）技术来采集校园地图数据，包括道路、建筑物、景点等地理信息。

数据处理：对采集到的数据进行清洗、转换和优化，以便在系统中使用。这可能包括数据的矢量化、坐标系的转换等。

（2）路径规划算法

最短路径算法：如 Dijkstra 算法，用于计算两个地点之间的最短路径。

实时导航算法：考虑实时交通状况、用户速度等因素，动态调整导航路线。

室内导航算法：对于大型校园设施，可能需要使用室内定位技术和相应的室内导航算法。

（3）用户界面设计

交互式地图显示：提供易于理解的地图视图，允许用户查看整个校园的地图和特定区域的详细信息。

路线展示：直观地展示从当前位置到目的地的路径，包括转弯提示和距离信息。

景点信息查询：允许用户查询校园内的各个景点，并提供相关信息，如开放时间、联系方式等。

（4）功能实现

浏览路线：用户可以查看推荐的校园游览路线。

最短路径查询：用户可以查询任意两点间的最短路径。

可行路径查询：提供多个可选的路径，供用户根据个人偏好选择。

邻接矩阵打印：为技术人员提供邻接矩阵，以便于理解和分析地图数据的结构。

地图信息更改：允许管理员更新地图数据，以确保信息的准确性。

综上所述，智能校园导航系统的地图和导航算法需要综合考虑地图数据的精确性、路径规划的合理性以及用户界面的友好性。通过不断优化这些算法和技术，可以提升用户体验，使得校园导航更加智能化和便捷化。

5. 定位技术

智能校园导航系统的定位技术通常包括以下几种：

① 蓝牙定位技术：这种技术通过在校园内部署蓝牙信标，利用蓝牙信号强度来确定用户的位置。它适用于室内环境，能够提供较为精确的实时定位服务。

② 惯性导航技术：是一种不依赖外部信息，通过测量设备自身的加速度和角速度来计算位置的技术。它通常与 GPS 或其他定位技术结合使用，以提高定位的准确性和可靠性。

③ Wi-Fi 定位技术：通过测量设备与周围 Wi-Fi 热点之间的信号强度来确定位置的方法。在校园环境中，这种方法可以利用现有的无线网络基础设施来实现定位。

④ 地磁定位技术：根据地球磁场的特征进行定位的一种方法。它通过测量地磁场的变化来识别特定位置，适用于室内外环境。

⑤ 视觉辅助定位：使用摄像头捕捉校园内的视觉标志，结合图像处理技术进行定位。这种方法可以提供额外的定位信息，增强其他定位技术的精度。

⑥ 北斗定位技术：对于在中国地区的学校，可以使用北斗卫星导航系统提供

的定位服务。北斗系统能够提供覆盖全国的定位、导航和时间服务。

⑦ 超声波定位：通过发射和接收超声波信号来测量距离，适用于短距离的精确定位。

综上所述，智能校园导航系统的定位技术是多元化的，可以根据实际需求和校园环境选择合适的技术或者技术组合，以实现准确、可靠的定位服务。这些技术的应用不仅提升了校园内部的导航体验，还深度融入了校园的安全、教学和管理等多个场景，为师生提供了智能化的服务。

6. 人工智能

考虑使用 AI 来提供语音导航、图像识别等功能。

在智能校园导航系统中，人工智能技术的应用可以极大地提升用户体验和系统的功能性。以下是一些 AI 功能及其实现方式的概述：

（1）语音导航

语音识别：使用语音识别技术，如 Google Speech-to-Text 或 IBM Watson Speech to Text，允许用户通过语音输入查询目的地。

自然语言处理（NLP）：利用 NLP 技术解析用户的语音指令，理解复杂的自然语言查询。

语音合成：通过语音合成技术（如 Google Text-to-Speech 或 Amazon Polly），生成自然的语音指导，为用户提供语音导航。

（2）图像识别

场景识别：使用深度学习模型，如卷积神经网络，识别用户拍摄的校园照片中的建筑物或地点。

增强现实：结合 AR 技术，将虚拟信息叠加在真实世界的图像上，提供直观的导航提示和交互体验。

物体识别：利用 AI 模型识别校园内的特定对象或标志，帮助用户定位自己的位置。

（3）推荐系统

个性化推荐：根据用户的历史行为和偏好，使用机器学习算法（如协同过滤或内容推荐算法）为用户推荐可能感兴趣的校园地点或活动。

（4）数据分析

预测分析：运用机器学习模型分析用户流量数据和校园活动，预测特定时间和地点的拥挤程度。

行为分析：分析用户的行为模式，优化路径规划和资源分配。

（5）自动化运维

异常检测：使用 AI 模型监测系统性能指标，自动检测和诊断潜在的问题。

智能客服：部署聊天机器人，使用 NLP 技术处理用户的咨询和服务请求。

（6）安全监控

视频分析：利用计算机视觉技术进行实时视频监控，自动识别异常行为或安全隐患。

（7）技术实现

机器学习框架：使用 TensorFlow、PyTorch 等机器学习框架来训练和部署模型。

API 服务：集成第三方 AI 服务 API，如 Google Cloud Vision API 进行图像识别，或 Dialogflow API 进行对话管理。

边缘计算：对于需要快速响应的应用，可以在设备端（如智能手机）直接运行 AI 模型，减少对服务器的依赖。

在实施 AI 功能时，需要考虑数据隐私和安全性，确保遵守相关法律法规。同时，为了提供准确的服务，需要收集和训练大量的校园特定数据，包括地图数据、用户行为数据、语音和图像样本等。通过不断优化 AI 模型和算法，智能校园导航系统能够提供更加智能化、个性化的服务，提高校园生活的便利性和效率。

7.3.3　技术选型

选择适合的开发平台和工具链，如 Android、iOS 或跨平台解决方案。选择地图服务提供商，如高德地图、百度地图或腾讯地图。选择后端服务技术栈，如 Node.js、Ruby on Rails 或 Django。选择云服务提供商，如 AWS、Azure 或阿里云。

7.3.4　开发与实现

1. 开发移动端应用程序

智能校园导航系统的移动端应用程序开发代码涉及多个方面，包括用户界面设计、地图显示、定位功能、路径规划等。以下是一个简单的示例代码，用于展示如何实现这些功能：

````
```python
import tkinter as tk
````
````

```
    from geopy.geocoders import Nominatim
    from geopy.distance import geodesic

    # 创建主窗口
    window = tk.Tk()
    window.title("智能校园导航系统")

    # 创建地图显示区域
    map_frame = tk.Frame(window)
    map_frame.pack()

    # 创建输入框和按钮
    input_frame = tk.Frame(window)
    input_frame.pack()

    start_label = tk.Label(input_frame, text="起点: ")
    start_label.grid(row=0, column=0)
    start_entry = tk.Entry(input_frame)
    start_entry.grid(row=0, column=1)

    end_label = tk.Label(input_frame, text="终点: ")
    end_label.grid(row=1, column=0)
    end_entry = tk.Entry(input_frame)
    end_entry.grid(row=1, column=1)

    submit_button = tk.Button(input_frame, text="查询", command=
calculate_route)
    submit_button.grid(row=2, columnspan=2)

    # 定义计算路径的函数
    def calculate_route():
        start_location = start_entry.get()
        end_location = end_entry.get()

        # 使用地理编码器获取经纬度坐标
        geolocator = Nominatim(user_agent="myGeocoder")
        start_coordinates = geolocator.geocode(start_location).point
        end_coordinates = geolocator.geocode(end_location).point

        # 计算距离和路径
        distance = geodesic((start_coordinates[0], start_coordinates[1]),
(end_coordinates[0], end_coordinates[1])).km
        route = "从 {} 到 {} 的距离为 {:.2f} 公里".format(start_location,
end_location, distance)
```

```
    # 在地图上显示路径
    map_label = tk.Label(map_frame, text=route)
    map_label.pack()

# 运行主循环
window.mainloop()
```
```

上述代码使用了 Python 的 tkinter 库来创建图形用户界面，并利用 geopy 库进行地理编码和距离计算。用户可以在输入框中输入起点和终点的位置，点击查询按钮后，程序会计算两点之间的距离并在地图上显示路径信息。请注意，这只是一个简单的示例代码，实际的智能校园导航系统可能需要更复杂的算法和功能。

2. 实现后端服务，包括 API 的设计和数据库的管理。

智能校园导航系统的后端服务需要实现 API 的设计和数据库的管理。以下是一个简单的示例代码，用于展示如何实现这些功能：

````
```python
# 导入所需的库
from flask import Flask, request, jsonify
from flask_sqlalchemy import SQLAlchemy

# 创建Flask应用和数据库对象
app = Flask(__name__)
app.config['SQLALCHEMY_DATABASE_URI'] = 'sqlite:///navigation.db'
db = SQLAlchemy(app)

# 定义数据库模型
class User(db.Model):
    id = db.Column(db.Integer, primary_key=True)
    name = db.Column(db.String(50), nullable=False)
    email = db.Column(db.String(100), unique=True, nullable=False)
    password = db.Column(db.String(100), nullable=False)

class Route(db.Model):
    id = db.Column(db.Integer, primary_key=True)
    start_location = db.Column(db.String(100), nullable=False)
    end_location = db.Column(db.String(100), nullable=False)
    distance = db.Column(db.Float, nullable=False)

# 创建数据库表
db.create_all()

# 定义API接口
````

```
    @app.route('/api/users', methods=['POST'])
    def create_user():
        data = request.get_json()
        new_user = User(name=data['name'], email=data['email'],
password=data['password'])
        db.session.add(new_user)
        db.session.commit()
        return jsonify({'message': 'User created successfully!'}), 201

    @app.route('/api/routes', methods=['GET'])
    def get_routes():
        routes = Route.query.all()
        output = []
        for route in routes:
            route_data = {'start_location': route.start_location,
'end_location': route.end_location, 'distance': route.distance}
            output.append(route_data)
        return jsonify({'routes': output}), 200

    # 运行Flask应用
    if __name__ == '__main__':
        app.run(debug=True)
    ```
```

上述代码使用了 Python 的 Flask 框架来创建后端服务，并利用 Flask-SQLAlchemy 库进行数据库管理。通过定义数据库模型和 API 接口，可以实现用户注册和获取路径信息的功能。

3. 集成地图服务和定位功能

智能校园导航系统的集成地图服务和定位功能可以通过使用第三方地图服务提供商的 API 来实现。以下是一个示例代码，用于展示如何实现这些功能：

```
    ```python
    # 导入所需的库
    import requests

    # 定义地图服务API密钥
    MAP_SERVICE_API_KEY = 'YOUR_MAP_SERVICE_API_KEY'

    # 获取地图数据
    def get_map_data():
        url = f'https://maps.googleapis.com/maps/api/staticmap?center=
37.7749,-122.4194&zoom=13&size=600x300&key={MAP_SERVICE_API_KEY}'
        response = requests.get(url)
```

```
        map_image = response.content
        return map_image

    # 获取用户位置信息
    def get_user_location():
        url = f'https://www.googleapis.com/geolocation/v1/geolocate?
key={MAP_SERVICE_API_KEY}'
        response = requests.post(url)
        location_data = response.json()
        latitude = location_data['location']['lat']
        longitude = location_data['location']['lng']
        return latitude, longitude

    # 示例用法
    if __name__ == '__main__':
        map_image = get_map_data()
        with open('map.png', 'wb') as file:
            file.write(map_image)

        latitude, longitude = get_user_location()
        print(f'User location: Latitude={latitude}, Longitude=
{longitude}')
    ```
```

上述代码使用了 Python 的 requests 库来发送 HTTP 请求，并利用 Google Maps API 和 Geolocation API 来获取地图数据和用户位置信息。通过调用相应的 API 接口，可以获取到地图图像和用户的经纬度坐标。

4. 实现用户身份验证和授权机制

智能校园导航系统的用户身份验证和授权机制可以通过使用第三方认证服务或自定义的身份验证系统来实现。以下是一个示例代码，用于展示如何实现这些功能:

```
    ```python
    # 导入所需的库
    from flask import Flask, request, jsonify, make_response
    from functools import wraps
    import jwt

    # 创建 Flask 应用对象
    app = Flask(__name__)

    # 定义密钥和过期时间
    SECRET_KEY = 'YOUR_SECRET_KEY'
    EXPIRATION_TIME = 3600  # 1 hour
```

```
# 定义身份验证装饰器
def token_required(f):
    @wraps(f)
    def decorated(*args, **kwargs):
        token = request.headers.get('Authorization')
        if not token:
            return jsonify({'message': 'Token is missing!'}), 403
        try:
            data = jwt.decode(token, SECRET_KEY)
        except:
            return jsonify({'message': 'Token is invalid!'}), 403
        return f(*args, **kwargs)
    return decorated

# 定义登录接口
@app.route('/api/login', methods=['POST'])
def login():
    data = request.get_json()
    username = data['username']
    password = data['password']

    # 在此处添加身份验证逻辑，例如查询数据库验证用户名和密码
    # 如果验证成功，生成 JWT 令牌并返回给客户端
    token = jwt.encode({'user': username, 'exp': time.time() +
EXPIRATION_TIME}, SECRET_KEY)
    return jsonify({'token': token.decode('UTF-8')})

# 定义受保护的路由
@app.route('/api/protected', methods=['GET'])
@token_required
def protected_route():
    return jsonify({'message': 'This is a protected route!'})

# 运行 Flask 应用
if __name__ == '__main__':
    app.run(debug=True)
```

上述代码使用了 Python 的 Flask 框架来创建后端服务，并利用 jwt 库进行身份验证和授权。通过定义一个身份验证装饰器和一个登录接口，可以实现用户身份验证和授权机制。

5. 进行单元测试、集成测试和用户测试以确保软件质量

智能校园导航系统的单元测试、集成测试和用户测试代码可以通过使用 Python

的 unittest 库来实现。以下是一个示例代码，用于展示如何实现这些测试：

```
```python
# 导入所需的库
import unittest
from navigation_system import NavigationSystem

class TestNavigationSystem(unittest.TestCase):
    def setUp(self):
        self.navigation_system = NavigationSystem()

    def test_calculate_route(self):
        start_location = 'A'
        end_location = 'B'
        expected_distance = 100

        distance = self.navigation_system.calculate_route(start_
location, end_location)
        self.assertEqual(distance, expected_distance)

    def test_get_map_data(self):
        map_image = self.navigation_system.get_map_data()
        self.assertIsNotNone(map_image)

    def test_get_user_location(self):
        location = self.navigation_system.get_user_location()
        self.assertIsNotNone(location)


if __name__ == '__main__':
    unittest.main()
```
```

上述代码使用了 Python 的 unittest 库来编写单元测试。通过定义一个继承自 unittest.TestCase 的测试类，并编写相应的测试方法，可以对智能校园导航系统的各个功能进行测试。

7.3.5　部署和维护

将应用程序部署到应用商店或企业服务器。设置监控和日志记录以跟踪系统性能和使用情况。定期更新地图数据和兴趣点信息。根据用户反馈进行必要的维护和功能升级。

7.3.6 用户体验提升

通过调查问卷、用户访谈等方式收集用户反馈。根据用户反馈调整和优化 UI/UX 设计。增强社交功能，如分享路线、评价 POI 等。

7.3.7 安全与隐私保护

确保所有数据传输都是加密的。实施严格的数据访问控制和身份验证策略。遵守相关的数据保护法规，如中国的网络安全法。

在设计和实现智能校园导航应用系统时，需要多学科知识的结合，包括软件开发、人机交互、地理信息系统、无线通信、网络安全等领域的知识。此外，为了提供最佳的用户体验，系统应该具备高度的准确性、可靠性和易用性。

7.4 在线调查与数据分析平台

目标：开发一个平台，允许用户创建、发布在线调查问卷，并对收集到的数据进行分析。

技术要点：使用 Servlets 和 JSP 处理调查数据的收集，应用 JavaEE 批处理和定时任务进行数据分析和报告生成。

学习成果：学生将学会如何处理大量数据，以及如何实现自动化的数据处理任务。

在线调查与数据分析平台的设计与实现涉及多个方面，包括前端设计、后端开发、数据库管理、用户体验优化以及数据分析等。以下是一些关键步骤和考虑因素：

7.4.1 需求分析

确定目标用户群体和他们的需求。确定调查类型，如市场调研、客户满意度、教育评估等。确定数据收集方式，如单选、多选、开放式问题等。确定数据分析需求，如交叉分析、趋势分析、预测模型等。

7.4.2 系统架构设计

选择合适的技术栈，如 React、Angular、Vue.js 用于前端开发，Node.js、Django、Ruby on Rails 用于后端开发。设计数据库模型，如使用 MySQL、PostgreSQL、MongoDB 等。确定服务器架构，如使用 AWS、Google Cloud、Azure

等云服务）。

7.4.3 前端设计与开发

设计用户友好的界面，确保易用性和可访问性。开发调查问卷编辑器，允许用户自定义问题和调查逻辑。实现响应式设计，以适应不同设备和屏幕尺寸。

前端设计与开发的代码实现涉及多个方面，包括 HTML、CSS 和 JavaScript 等。以下是一个简单的示例，展示如何创建一个基本的在线调查与数据分析平台的前端页面：

````
```html
<!DOCTYPE html>
<html lang="en">
<head>
    <meta charset="UTF-8">
    <meta name="viewport" content="width=device-width, initial-
scale=1.0">
    <title> 在线调查与数据分析平台 </title>
    <link rel="stylesheet" href="styles.css">
</head>
<body>
    <header>
        <h1> 在线调查与数据分析平台 </h1>
    </header>
    <main>
        <section id="survey-form">
            <h2> 调查问卷 </h2>
            <form action="/submit" method="POST">
                <label for="name"> 姓名：</label>
                <input type="text" id="name" name="name" required>
<br><br>

                <label for="email"> 邮箱：</label>
                <input type="email" id="email" name="email"
required><br><br>

                <label for="age"> 年龄：</label>
                <input type="number" id="age" name="age" min="1"
max="120" required><br><br>

                <label for="gender"> 性别：</label>
                <select id="gender" name="gender" required>
                    <option value="male"> 男 </option>
                    <option value="female"> 女 </option>
                    <option value="other"> 其他 </option>
````
````

```
                </select><br><br>

                <label for="feedback">反馈：</label>
                <textarea id="feedback" name="feedback" rows="4"
cols="50"></textarea><br><br>

                <input type="submit" value=" 提交 ">
            </form>
        </section>
    </main>
    <script src="scripts.js"></script>
</body>
</html>
```

上述代码创建了一个简单的调查问卷页面，包括姓名、邮箱、年龄、性别和反馈等字段。用户填写完信息后，点击“提交”按钮将数据发送到服务器进行处理。

接下来，我们可以编写相应的 CSS 样式文件（styles.css）来美化页面：

```css
body {
    font-family: Arial, sans-serif;
    background-color: #f2f2f2;
}

header {
    background-color: #333;
    color: white;
    padding: 20px;
    text-align: center;
}

h1 {
    margin: 0;
}

#survey-form {
    max-width: 600px;
    margin: 20px auto;
    padding: 20px;
    background-color: white;
    border-radius: 5px;
    box-shadow: 0 2px 5px rgba(0, 0, 0, 0.1);
}
```

````
    label {
        display: block;
        margin-bottom: 5px;
    }

    input[type="text"], input[type="email"], input[type="number"],
select, textarea {
        width: 100%;
        padding: 5px;
        border: 1px solid #ccc;
        border-radius: 3px;
    }

    input[type="submit"] {
        background-color: #4CAF50;
        color: white;
        padding: 10px 20px;
        border: none;
        border-radius: 5px;
        cursor: pointer;
    }
    ```
````

最后，可以编写 JavaScript 文件（scripts.js）来实现一些交互功能，如表单验证等。这里仅提供一个简单的示例：

````
    ```javascript
    document.querySelector('form').addEventListener('submit', function
(event) {
        event.preventDefault();   // 阻止表单默认的提交行为
        // 在这里可以添加表单验证逻辑，例如检查输入是否为空或格式是否正确等
        // 如果验证通过，可以使用 Ajax 将数据发送到服务器进行处理
    });
    ```
````

以上代码仅为示例，实际开发中需要根据具体需求进行设计和实现。同时，还可以使用前端框架（如 React，Angular，Vue.js 等）来简化开发过程并提高可维护性。

7.4.4 后端开发

实现用户认证和授权机制，确保数据安全。开发调查分发逻辑，包括邮件邀请、链接分享等。实现数据收集和存储机制，确保数据的完整性和准确性的代码实现涉及多个方面，包括后端开发、数据库管理以及前端交互等。

以下是一些关键步骤和示例代码：
````

1. 用户认证和授权机制

使用身份验证库（如 Passport.js）来实现用户认证。使用访问控制库（如 ACL 或 RBAC）来管理用户权限。在用户注册时生成唯一的用户 ID 和加密的密码，并存储到数据库中。在用户登录时验证用户名和密码，并生成访问令牌（如 JWT）。在需要保护的资源上添加身份验证中间件，以确保只有经过认证的用户才能访问。

2. 调查分发逻辑

使用邮件发送服务（如 SendGrid 或 Mailgun）来发送邮件邀请。在后端创建一个 API 接口，用于生成调查链接。将生成的链接通过邮件发送给用户，或者提供链接分享功能。在用户单击链接后，重定向到调查页面，并将用户信息传递给后端进行记录。

3. 数据收集和存储机制

设计数据库模型，包括用户表、调查表、问题表、选项表等。使用 ORM 框架（如 Sequelize 或 Mongoose）来操作数据库。在用户填写调查问卷时，将数据以 JSON 格式提交到后端。在后端接收到数据后，将其存储到数据库中，并进行必要的数据验证和清洗，可以使用事务来确保数据的一致性和完整性。

4. 前端交互

使用前端框架来构建用户界面。在用户填写调查问卷时，使用表单元素来收集用户输入的数据。在用户提交表单时，使用 Ajax 技术将数据异步提交到后端。在后端处理完数据后，返回相应的响应给前端，以便显示结果或提示用户。

以上是一个简单的示例，实际开发中需要根据具体需求进行设计和实现。同时，还需要考虑安全性、性能优化、错误处理等方面的问题。

以下是一个简单的示例代码，使用 Node.js 和 Express 框架，结合 Passport.js 和 Mongoose ORM 来实现用户认证和数据存储功能：

````
```javascript
// 引入相关模块
const express = require('express');
const passport = require('passport');
const mongoose = require('mongoose');

// 初始化 Express 应用
const app = express();

// 连接到 MongoDB 数据库
````
````

```
mongoose.connect('mongodb://localhost/survey_platform', {
useNewUrlParser: true, useUnifiedTopology: true });

// 定义数据模型
const UserSchema = new mongoose.Schema({
  username: { type: String, required: true, unique: true },
  password: { type: String, required: true }
});
const User = mongoose.model('User', UserSchema);

// 配置 Passport.js
app.use(passport.initialize());
app.use(passport.session());
passport.use(new LocalStrategy((username, password, done) => {
  User.findOne({ username }, (err, user) => {
    if (err) return done(err);
    if (!user || !user.validPassword(password)) return done(null,
false);
    return done(null, user);
  });
}));
passport.serializeUser((user, done) => done(null, user.id));
passport.deserializeUser((id, done) => User.findById(id, (err,
user) => done(err, user));

// 创建 API 接口
app.post('/api/register', (req, res) => {
  const newUser = new User(req.body);
  newUser.save((err, user) => {
    if (err) return res.status(500).json({ error: err.message });
    res.status(201).json(user);
  });
});

app.post('/api/login', passport.authenticate('local'), (req, res) => {
  res.status(200).json({ message: '登录成功' });
});

// 启动服务器
app.listen(3000, () => {
  console.log('服务器已启动，监听端口 3000');
});
```

以上代码仅为示例，实际开发中需要根据具体需求进行设计和实现。同时，还需要考虑安全性、性能优化、错误处理等方面的问题。

7.4.5 数据库管理

设计高效的数据存储方案，优化查询性能。实施数据备份和恢复策略，防止数据丢失。确保数据安全性，遵守相关的数据保护法规。

数据库管理的设计与实现代码涉及多个方面，包括数据模型设计、数据库连接和操作等。以下是一个简单的示例，展示如何设计和实现一个在线调查与数据分析平台的数据库管理部分：

1. 数据模型设计

用户表（users）：存储用户的基本信息，如 ID、用户名、密码等。

调查表（surveys）：存储调查的基本信息，如 ID、标题、描述等。

问题表（questions）：存储调查的问题信息，如 ID、问题内容、类型等。

选项表（options）：存储问题的选项信息，如 ID、选项内容等。

回答表（responses）：存储用户的回答信息，如 ID、用户 ID、问题 ID、选项 ID 等。

2. 数据库连接和操作

使用 ORM 框架（如 Sequelize 或 Mongoose）来连接和操作数据库。

定义数据模型，并建立相应的关联关系。

创建 API 接口，用于处理前端发送的请求，并进行相应的数据库操作。

以下是一个简单的示例代码，使用 Node.js 和 Express 框架，结合 Sequelize ORM 来实现数据库管理功能：

```
```javascript
// 引入相关模块
const express = require('express');
const Sequelize = require('sequelize');

// 初始化 Express 应用
const app = express();

// 连接到数据库
const sequelize = new Sequelize('database', 'username', 'password', {
  host: 'localhost',
  dialect: 'mysql'      // 选择数据库类型，这里使用 MySQL 作为示例
});

// 定义数据模型
const User = sequelize.define('user', {
```
```

```
    id: { type: Sequelize.INTEGER, primaryKey: true, autoIncrement:
true },
    username: { type: Sequelize.STRING, allowNull: false },
    password: { type: Sequelize.STRING, allowNull: false }
  });

  const Survey = sequelize.define('survey', {
    id: { type: Sequelize.INTEGER, primaryKey: true, autoIncrement:
true },
    title: { type: Sequelize.STRING, allowNull: false },
    description: { type: Sequelize.TEXT }
  });

  const Question = sequelize.define('question', {
    id: { type: Sequelize.INTEGER, primaryKey: true, autoIncrement:
true },
    content: { type: Sequelize.STRING, allowNull: false },
    type: { type: Sequelize.ENUM('single', 'multiple'), allowNull:
false }
  });

  const Option = sequelize.define('option', {
    id: { type: Sequelize.INTEGER, primaryKey: true, autoIncrement:
true },
    content: { type: Sequelize.STRING, allowNull: false }
  });

  const Response = sequelize.define('response', {
    id: { type: Sequelize.INTEGER, primaryKey: true, autoIncrement:
true },
    userId: { type: Sequelize.INTEGER, references: { model: User,
key: 'id' } },
    questionId: { type: Sequelize.INTEGER, references: { model:
Question, key: 'id' } },
    optionId: { type: Sequelize.INTEGER, references: { model: Option,
key: 'id' } }
  });

  // 创建API接口
  app.post('/api/register', async (req, res) => {
    try {
      const user = await User.create(req.body);
      res.status(201).json(user);
    } catch (error) {
      res.status(400).json({ error: error.message });
    }
```

```
  });

  app.post('/api/login', async (req, res) => {
    try {
      const user = await User.findOne({ where: { username: req.body.
username } });
      if (user && user.password === req.body.password) {
        res.status(200).json({ message: '登录成功' });
      } else {
        res.status(401).json({ message: '用户名或密码错误' });
      }
    } catch (error) {
      res.status(500).json({ error: error.message });
    }
  });

  // 启动服务器
  app.listen(3000, () => {
    console.log('服务器已启动，监听端口 3000');
  });
  ```
```

以上代码仅为示例，实际开发中需要根据具体需求进行设计和实现。同时，还需要考虑安全性、性能优化、错误处理等方面的问题。

### 7.4.6 用户体验优化

进行用户测试，收集反馈并改进产品。优化调查流程，减少用户操作难度。提供多语言支持，扩大用户基础。

### 7.4.7 数据分析功能

实现基本的统计分析功能，如计算平均值、中位数、标准差等。开发高级分析工具，如回归分析、聚类分析、因子分析等。提供数据可视化工具，如图表、仪表板等，帮助用户理解数据。

数据分析功能的代码实现涉及多个方面，包括数据收集、数据处理和分析等。以下是一个简单的示例，展示如何设计和实现一个在线调查与数据分析平台的数据分析部分：

根据需求进行数据查询、筛选、排序等操作。使用统计方法（如平均值、标准差、相关性等）对数据进行分析。使用可视化工具（如图表库）将分析结果以图表形式展示给用户。
```

以下是一个简单的示例代码，使用 Node.js 和 Express 框架，结合 Mongoose ORM 来实现数据处理和分析功能：

````
```javascript
// 引入相关模块
const express = require('express');
const mongoose = require('mongoose');

// 初始化 Express 应用
const app = express();

// 连接到 MongoDB 数据库
mongoose.connect('mongodb://localhost/survey_platform', {
useNewUrlParser: true, useUnifiedTopology: true });

// 定义数据模型
const SurveySchema = new mongoose.Schema({
  title: String,
  description: String,
  questions: [{ type: mongoose.Schema.Types.ObjectId, ref:
'Question' }],
  responses: [{ type: mongoose.Schema.Types.ObjectId, ref:
'Response' }]
});
const Survey = mongoose.model('Survey', SurveySchema);

const QuestionSchema = new mongoose.Schema({
  content: String,
  type: String,
  options: [{ type: mongoose.Schema.Types.ObjectId, ref:
'Option' }]
});
const Question = mongoose.model('Question', QuestionSchema);

const OptionSchema = new mongoose.Schema({
  content: String
});
const Option = mongoose.model('Option', OptionSchema);

const ResponseSchema = new mongoose.Schema({
  userId: { type: mongoose.Schema.Types.ObjectId, ref: 'User' },
  questionId: { type: mongoose.Schema.Types.ObjectId, ref:
'Question' },
````
````

```
    optionId: { type: mongoose.Schema.Types.ObjectId, ref: 
'Option' }
  });
  const Response = mongoose.model('Response', ResponseSchema);

  // 创建 API 接口
  app.get('/api/surveys/:id/analysis', async (req, res) => {
    const survey = await Survey.findById(req.params.id).populate
('questions').exec();
    if (!survey) return res.status(404).json({ error: '调查不存在' });

    // 在这里进行数据处理和分析，例如计算每个问题的平均值、标准差等
    // 可以使用第三方库（如 lodash、mathjs 等）来进行数学计算和统计分析
    // 可以使用图表库（如 Chart.js、D3.js 等）来生成图表展示分析结果

    res.status(200).json({ message: '数据分析成功' });
  });

  // 启动服务器
  app.listen(3000, () => {
    console.log('服务器已启动，监听端口 3000');
  });
  ```
```

以上代码仅为示例，实际开发中需要根据具体需求进行设计和实现。同时，还需要考虑安全性、性能优化、错误处理等方面的问题。

### 7.4.8 测试与部署

进行全面的系统测试，包括单元测试、集成测试、性能测试等。部署到生产环境，确保系统的稳定性和可靠性。监控系统性能，及时处理可能出现的问题。

### 7.4.9 维护与更新

定期更新系统，引入新功能和改进现有功能。提供用户支持和技术帮助，解决用户在使用过程中遇到的问题。根据用户反馈和市场变化，调整产品发展方向。

在设计与实现过程中，需要不断地迭代和优化，以确保平台能够满足用户的需求，并提供高效、准确的数据分析服务。此外，随着技术的发展，可能还需要考虑集成机器学习算法、自然语言处理等先进技术，以提供更深入的数据分析能力。
```

7.5 实时聊天室应用

目标：实现一个支持多用户即时通信的聊天室应用。

技术要点：使用 WebSocket 技术实现实时数据传输，结合 JavaEE 完成服务器端的业务逻辑处理。

学习成果：学生将理解实时 Web 应用的开发原理，并掌握 WebSocket 的使用。

设计和实现一个实时聊天室应用系统涉及多个关键部分，包括前端用户界面、后端服务器、数据库设计以及通信协议。以下是一个简单的示例，展示如何设计和实现一个基本的实时聊天室应用系统：

7.5.1 前端用户界面

使用 HTML、CSS 和 JavaScript（或前端框架如 React、Vue.js 等）来构建用户界面。实现登录 / 注册页面，让用户能够创建账号并登录到系统中。实现聊天室页面，包括显示聊天记录、输入框和发送按钮等功能。使用 WebSocket 技术与后端服务器进行实时通信。

前端用户界面的代码实现涉及多个方面，包括 HTML 结构、CSS 样式和 JavaScript 逻辑。以下是一个简单的示例，展示如何设计和实现一个基本的实时聊天室应用系统的前端用户界面：

1. HTML 结构

创建登录 / 注册页面，包括用户名输入框、密码输入框和登录 / 注册按钮等。

创建聊天室页面，包括聊天记录显示区域、消息输入框和发送按钮等。

2. CSS 样式

使用 CSS 来美化页面布局和样式，例如设置背景颜色、字体样式、边距等。

3. JavaScript 逻辑

使用 JavaScript 来实现前端交互逻辑，例如处理用户输入、发送消息等。

使用 WebSocket 技术与后端服务器进行实时通信。

以下是一个简单的示例代码，使用 HTML、CSS 和 JavaScript 来实现前端用户界面：

````
```html
<!DOCTYPE html>
<html>
<head>
````
````

```
    <title> 实时聊天室 </title>
    <style>
      /* 添加 CSS 样式 */
      body {
        font-family: Arial, sans-serif;
        background-color: #f0f0f0;
      }
      #chatroom {
        width: 400px;
        margin: 50px auto;
        background-color: #fff;
        border-radius: 5px;
        padding: 20px;
        box-shadow: 0 2px 5px rgba(0, 0, 0, 0.1);
      }
      #messages {
        height: 300px;
        overflow-y: scroll;
        margin-bottom: 10px;
        border: 1px solid #ccc;
        padding: 10px;
      }
      #inputMessage {
        width: 100%;
        height: 50px;
        padding: 5px;
        border: 1px solid #ccc;
        border-radius: 3px;
      }
      #sendButton {
        width: 100%;
        padding: 10px;
        background-color: #007bff;
        color: #fff;
        border: none;
        border-radius: 3px;
        cursor: pointer;
      }
    </style>
  </head>
  <body>
    <div id="chatroom">
      <div id="messages"></div>
      <input type="text" id="inputMessage" placeholder="输入消息...">
      <button id="sendButton"> 发送 </button>
```

```
    </div>

    <script>
      // 添加 JavaScript 逻辑
      const chatroom = document.getElementById('chatroom');
      const messages = document.getElementById('messages');
      const inputMessage = document.getElementById('inputMessage');
      const sendButton = document.getElementById('sendButton');

      // 创建 WebSocket 连接
      const ws = new WebSocket('ws://localhost:3000');

      // 监听 WebSocket 连接事件
      ws.onopen = () => {
        console.log('已连接到服务器');
      };

      // 监听 WebSocket 接收消息事件
      ws.onmessage = (event) => {
        const data = JSON.parse(event.data);
        if (data.type === 'sendMessage') {
          const messageElement = document.createElement('p');
          messageElement.textContent = data.content;
          messages.appendChild(messageElement);
          messages.scrollTop = messages.scrollHeight;
        }
      };

      // 监听发送按钮点击事件
      sendButton.addEventListener('click', () => {
        const message = inputMessage.value.trim();
        if (message) {
          ws.send(JSON.stringify({ type: 'sendMessage', content:
message }));
          inputMessage.value = '';
        }
      });
    </script>
  </body>
  </html>
  ```
```

以上代码仅为示例，实际开发中需要根据具体需求进行设计和实现。同时，还需要考虑用户体验、响应式设计等方面的问题。
```

7.5.2 后端服务器

使用 Node.js 和 Express 框架搭建后端服务器。使用 WebSocket 库（如 ws）来实现实时通信功能。处理用户连接、断开连接、发送消息等事件。将聊天记录存储到数据库中，并在需要时检索聊天记录。

后端服务器的代码实现涉及多个方面，包括 WebSocket 连接管理、消息处理和数据库存储等。以下是一个简单的示例，展示如何设计和实现一个基本的实时聊天室应用系统的后端服务器：

1. WebSocket 连接管理

使用 WebSocket 库（如 ws）来创建 WebSocket 服务器。监听 WebSocket 连接事件，将每个连接的用户添加到在线用户集合中。监听 WebSocket 断开连接事件，将断开连接的用户从在线用户集合中移除。

2. 消息处理

监听 WebSocket 接收消息事件，解析消息内容并根据操作类型进行处理。根据操作类型进行相应的逻辑处理，例如登录、发送消息等。将聊天记录存储到数据库中，并在需要时检索聊天记录。

3. 数据库存储

使用关系型数据库（如 MySQL、PostgreSQL）或 NoSQL 数据库（如 MongoDB）来存储用户信息和聊天记录。设计用户表，包括用户 ID、用户名、密码等字段。设计聊天记录表，包括消息 ID、发送者 ID、接收者 ID、消息内容、时间戳等字段。

以下是一个使用 Node.js 和 ws 库实现上述功能的简单示例代码：

```
javascript

const WebSocket = require('ws');
const { Pool } = require('pg');

// 创建 PostgreSQL 连接池
const pool = new Pool({
  user: 'your_username',
  host: 'localhost',
  database:'your_database',
  password: 'your_password',
  port: 5432,
});
```

```
// 创建 WebSocket 服务器
const wss = new WebSocket.Server({ port: 8080 });
// 在线用户集合
const onlineUsers = new Set();

wss.on('connection', (ws) => {
  // 将新连接的用户添加到在线用户集合
  onlineUsers.add(ws);

  ws.on('message', (message) => {
    const data = JSON.parse(message);
    const { type, payload } = data;

    switch (type) {
      case 'login':
        // 处理登录逻辑
        const { username, password } = payload;
        // 在此处进行数据库查询验证用户登录信息
        break;
      case'sendMessage':
        // 处理发送消息逻辑
        const { senderId, receiverId, content } = payload;
        // 将消息存储到数据库
        pool.query('INSERT INTO chat_records (sender_id, receiver_
id,content,timestamp) VALUES ($1,$2, $3, NOW())', [senderId, receiverId,
content]);
        break;
      default:
        // 处理未知操作类型
        break;
    }
  });

  ws.on('close', () => {
    // 将断开连接的用户从在线用户集合中移除
    onlineUsers.delete(ws);
  });
});
```

上述代码创建了一个 WebSocket 服务器，并实现了连接管理、消息处理和将聊天记录存储到 PostgreSQL 数据库的基本功能。您需要根据实际需求完善数据库操作和具体的业务逻辑。

7.5.3 数据库设计

数据库设计代码涉及多个方面，包括创建表、定义字段和设置约束等。以下是一个简单的示例，展示如何设计和实现一个基本的实时聊天室应用系统的数据库：

1. 用户表（users）

用户 ID（user_id）：唯一标识用户的主键。

用户名（username）：用户登录时使用的用户名。

密码（password）：用户登录时使用的密码。

2. 聊天记录表（messages）

消息 ID（message_id）：唯一标识每条聊天记录的主键。

发送者 ID（sender_id）：发送该条消息的用户 ID。

接收者 ID（receiver_id）：接收该条消息的用户 ID。

消息内容（content）：实际的消息内容。

时间戳（timestamp）：消息发送的时间。

以下是一个简单的示例代码，使用 SQL 语言来创建上述两个表：

````
```sql
-- 创建用户表
CREATE TABLE users (
  user_id SERIAL PRIMARY KEY,
  username VARCHAR(50) NOT NULL UNIQUE,
  password VARCHAR(50) NOT NULL
);

-- 创建聊天记录表
CREATE TABLE messages (
  message_id SERIAL PRIMARY KEY,
  sender_id INTEGER REFERENCES users(user_id),
  receiver_id INTEGER REFERENCES users(user_id),
  content TEXT NOT NULL,
  timestamp TIMESTAMP NOT NULL
);
```
````

以上代码仅为示例，实际开发中需要根据具体需求进行设计和实现。同时，还需要考虑数据类型、索引、外键等细节问题。

7.5.4 通信协议

使用 WebSocket 协议进行实时通信，确保数据的即时传输和响应。定义消息格式，包括操作类型（如登录、发送消息等）、数据内容等。实现心跳检测机制，确保客户端与服务器的连接状态。

以下是一个简单的示例代码，使用 Node.js 和 Express 框架，结合 WebSocket 库来实现后端服务器部分：

````
```javascript
// 引入相关模块
const express = require('express');
const WebSocket = require('ws');

// 初始化 Express 应用
const app = express();

// 创建 WebSocket 服务器
const wss = new WebSocket.Server({ server: app });

// 存储所有在线用户
const users = new Set();

// 监听 WebSocket 连接事件
wss.on('connection', (ws) => {
  // 用户连接时将其添加到在线用户集合中
  users.add(ws);

  // 监听消息事件
  ws.on('message', (message) => {
    // 解析消息内容
    const data = JSON.parse(message);

    // 根据操作类型进行处理
    switch (data.type) {
      case 'login':
        // 处理用户登录逻辑
        break;
      case 'sendMessage':
        // 处理发送消息逻辑，将消息广播给其他在线用户
        for (const user of users) {
          if (user !== ws && user.readyState === WebSocket.OPEN) {
            user.send(JSON.stringify(data));
          }
        }
        break;
      default:
        console.error('未知的操作类型：', data.type);
````
````

```
    }
  });

  // 监听连接断开事件
  ws.on('close', () => {
    // 用户断开连接时将其从在线用户集合中移除
    users.delete(ws);
  });
});

// 启动服务器
app.listen(3000, () => {
  console.log('服务器已启动，监听端口 3000');
});
```

以上代码仅为示例，实际开发中需要根据具体需求进行设计和实现。同时，还需要考虑安全性、性能优化、错误处理等方面的问题。

每个项目案例都应该包含详细的项目需求、设计文档、开发指南和评估标准。教师可以根据学生的水平和课程目标选择或设计适合的项目案例，并通过这些案例来提高学生的实践能力和解决问题的能力。

附录A

调查问卷样本

调查问卷样本是一个问卷的示例，用于说明如何设计一个有效的调查问卷。以下是关于“JavaEE 程序设计”课程满意度的调查问卷样本：

一、基本信息

1. 性别：

A. 男　　B. 女

2. 年级：

A. 大一　　B. 大二　　C. 大三　　D. 大四

3. 专业：

A. 计算机科学与技术　　B. 软件工程

C. 信息管理与信息系统　　D. 其他（请注明）__________

二、课程内容与教学方式

4. 您对“JavaEE 程序设计”课程的整体满意度如何？

A. 非常满意　　B. 满意

C. 一般　　D. 不满意

5. 您认为“JavaEE 程序设计”课程的内容是否符合您的学习需求？

A. 完全符合　　B. 基本符合　　C. 不太符合　　D. 完全不符合

6. 您认为“JavaEE 程序设计”课程的教学方式是否有效？

A. 非常有效　　B. 有效　　C. 一般　　D. 无效

7. 您认为线上教学与线下教学的结合是否合理？

A. 非常合理　　B. 合理　　C. 一般　　D. 不合理

三、线上线下混合式教学模式

8. 您认为线上教学资源（如视频、文档等）的质量如何？

A. 非常好　　B. 好　　C. 一般　　D. 差

9. 您认为线下教学活动（如课堂讨论、实验等）的组织是否有效？

A. 非常有效　　B. 有效

C. 一般　　D. 无效

10. 您认为线上线下混合式教学模式对您的学习效果有何影响？

A. 非常积极的影响　　B. 积极的影响

C. 一般的影响　　D. 消极的影响

四、改进意见

11. 您认为“JavaEE 程序设计”课程在哪些方面可以改进？（可多选）

A. 教学内容　　B. 教学方式

C. 线上资源　　D. 线下活动

E. 其他（请注明）__________

12. 请您提供对“JavaEE 程序设计”课程改进的具体建议：（选填）

感谢您的参与！您的意见和建议对我们非常重要，将有助于我们不断改进课程质量，提高教学效果。